新世纪心理与心理健康教育文库
Xinshiji Xinli Yu Xinlijiankangjiaoyu Wenku

高职学生心理健康教育

Gaozhixuesheng Xinlijiankangjiaoyu

郑日昌 朱仙桃 ◆ 主编
Zheng Richang Zhu Xiantao

开明出版社

新世纪心理与心理健康教育文库
编委会

总主编 郑日昌
副总主编 沈政 郭德俊 桑标 王希永
编委会（按姓氏笔画排列）

王昕	王小明	王成彪	王建平
牛勇	邓丽芳	叶浩生	田万生
朱新秤	任苇	任俊	刘视湘
刘翔平	刘惠军	许燕	孙大强
杜毓贞	杨波	杨忠健	汪凤炎
沈政	张驰	张大均	张志杰
陈永胜	陈安涛	邵志芳	庞爱莲
郑日昌	郑晓江	孟沛欣	赵世明
赵军燕	俞国良	殷恒婵	郭秀艳
郭德俊	桑标	黄蓓	崔丽娟
梁宁建	梁执群	董妍	程正方
雷雳	燕国材	魏义梅	

总 序
Sequence

早在上个世纪70年代就有专家预言：21世纪是心理学的世纪。21世纪人类所面临的最大挑战，不是其他，而是心理困惑和心理问题。

进入新世纪，我国社会主义物质文明、政治文明、精神文明建设不断加强，综合国力大幅度提高，人民生活显著改善。同时，我们也要看到，我国已进入改革发展的关键时期，经济体制深刻变革，社会结构深刻变动，利益格局深刻调整，思想观念深刻变化。这种空前的社会变革，给我国发展进步带来巨大活力，也必然带来这样那样的矛盾和问题。例如，城乡、区域经济社会发展很不平衡；就业、收入分配、社会保障、教育、医疗、住房等方面关系群众切身利益的问题比较突出；一些社会成员诚信缺失、道德失范；一些领域的腐败现象比较严重等。这些矛盾和问题让人们感到心理困惑，时刻冲击着人们的心理承受能力。

2006年，中共中央《关于构建社会主义和谐社会若干重大问题的决定》明确指出：我们必须坚持以人为本。要注重促进人的心理和谐，加强人文关怀和心理疏导，引导人们正确对待自己、他人和社会，正确对待困难、挫折和荣誉。要加强心理健康教育和保健，塑造自尊自信、理性平和、积极向上的社会心态。心理和谐是构建和谐社会的心理基础和重要标志。胡锦涛同志指出："科学发展观，第一要义是发展，核心是以人为本。"以人为本就必须重视人、尊重人、关心人、爱护人，就必须重视人的心理发展。加强心理健康教育和心理保健，不断提高人们的心理素质，帮助人们形成积极心理品质，为和谐社会建设奠定和谐的心理基础已经成为举国上下的共识。

促进人的心理和谐需要有科学心理学指引，加强心理健康教育需要有合适的教材。近年来，国内虽然也陆续出版了一些心理学或心理健康教育方面的图书，但不够系统，缺乏总体规划。正因为如此，我们组织了一批心理学专家、学者，编写了这套反映我国心理学发展及心理健康教育理论成果的"新世纪心理与心理健康教育文库"。

"新世纪心理与心理健康教育文库"具有系统性。文库参照心理学学科体系和我国现实需要，分为基础理论、应用理论和技术与实践三个系列。

"新世纪心理与心理健康教育文库"具有权威性。文库是国家出版基金资助项目；文库撰稿人的选择面向全国，每一本图书都由该领域的专家学者撰稿；文库的统稿工作由国内权威心理学家和心理健康教育专家负责完成。

"新世纪心理与心理健康教育文库"具有前沿性。文库在全国范围选聘心理学和心理健康教育领域的专家学者撰稿，既可以吸收心理学与心理健康教育的权威理论和最新研究成果，也可以保证所选内容资料贴近时代、贴近生活、贴近实际。

"新世纪心理与心理健康教育文库"具有实用性。文库在强调系统性、理论性、科学性的同时，更加强调实用性。力求做到理论联系实际，给出的理论实用，给出的技术可行，给出的方法可操作。

"新世纪心理与心理健康教育文库"理论性、实用性、资料性、工具性兼备，是心理学与心理健康教育的"百科全书"。它可以作为从事心理与心理健康教育工作的管理者和研究者的参考书、工具书；可以作为心理健康教育教师继续学习、自我提高的自修图书；可以作为心理健康教育教师的培训用书；可以作为师范院校心理与心理健康教育专业的教材或参考书。

我们相信，"新世纪心理与心理健康教育文库"对于从事心理与心理健康教育工作的人士会有所帮助；对于我国的心理与心理健康教育工作会起到推动促进作用；对于促进人的心理和谐、促进社会心理和谐会发挥一定作用。

我们希望，这套文库能够得到广大心理与心理健康教育工作者的认可、接纳。

郑日昌
于京师园

前言
Preface

经过二十多年的努力，心理健康教育已取得显著成绩。中共中央、国务院、教育部多次发文强调心理健康教育的重要性；心理和教育工作者也提出了一些理论和方法，指导高职学校开展心理健康教育。

在学校，心理健康教育的主体是学生，因此教师需要了解学生的心理特点，结合不同年龄段学生的心理成长发育需求，通过丰富多样的教育手段，服务和促进学生的心理健康发展。

心理健康教育越来越受到社会各界特别是学校领导的重视。实施和落实心理健康教育已成为现代学校的标志，成为彰显学校特色的一个重要方面。当前大多数学校聘请了专、兼职心理教师，建立了心理咨询室，开展了各种心理健康教育活动，取得了丰硕的成果。

为了让心理健康教育真正成为素质教育的一项重要内容，必须营造良好的社会氛围，让全社会关注心理健康教育，认识到心理健康教育是有用的、必需的。基于这一想法，我们编写了这本书。编者在参照了大量专业书籍的基础上，根据高职学生心理健康教育的需要，精心选择了七章内容，其中，第一章是心理健康教育绪论，希望读者对高职学生心理健康教育的含义有一个明确认识。第二章至第七章是高职学生心理健康教育的主要内容，并为每方面内容提供了一些切实可行的方法，包括如何从自我意识、学习心理、人际关系、性与恋爱心理、情绪管理与生涯教育等方面培养学生良好的心理素质。

在编写过程中，我们力求将理论与实践铸为一体，将科学性与实用性熔于一炉，不但从含义、内容、途径和方法等方面对高职学生心理健康教育进行了系统、全面的阐述，而且借鉴了现代积极心理学、幸福心理学的思想，不仅安排了学习心理、人际关系、自我意识等常见内容，也安排了性与恋爱心理、生涯教育、幸福教育等社会普遍关注的内容，从而拓展学生的心理学视野，丰富学生的心理学知识，体现了心理健康类图书的与时俱进性。

在编写体例上，本书在每一章的前面列有本章提要、学习重点、重要术语等，引导读者快速了解本章内容；在每一章的后面列有建议参考资料、问题与思考，引导读者更加深入地思考本章的学习内容。

无论对教师的教还是学生的学，我们都努力使本书具有较大的可操作性，使广大读者能开卷有益。

本书编写前由郑日昌提出总体构想，由朱仙桃拟定编写大纲初稿，在参编者充分讨论的基础上确定翔实写作提纲。

各章具体编写分工为：

第一章由王振、郑日昌撰写；第二章由朱仙桃、刘视湘撰写；第三章、第四章由王振撰写；第五章由陆宁撰写；第六章由朱仙桃、郑日昌撰写；第七章由陆宁、郑日昌撰写。最后由朱仙桃统稿，郑日昌审读修正定稿。

本书是集体智慧的结晶，感谢各位作者的辛勤笔耕，感谢开明出版社的大力支持！

在本书编写过程中，我们广泛参考了国内外的相关著作，吸收了有关研究成果，特别是积极心理学、幸福心理学的研究成果，在此致以诚挚的谢意和敬意。

由于编者水平有限，书中难免存在不足和错误之处，敬请广大读者批评指正，以便将来修改和完善。

郑日昌　朱仙桃

目 录
Contents

第一章 绪论 ········· 1
第一节 心理健康的重要意义与标准 ········· 1
第二节 高职生的心理特点与常见问题 ········· 7
第三节 高职生心理健康教育的途径与方法 ········· 15

第二章 自我与适应 ········· 18
第一节 高职生自我意识的发展与培养 ········· 19
第二节 高职生的适应与角色转变 ········· 29
第三节 高职生常见适应问题的调适 ········· 38

第三章 学习与创新 ········· 46
第一节 高职生的学习特点及规律 ········· 47
第二节 高职生学习能力的培养 ········· 54
第三节 高职生创新能力的提升 ········· 61

第四章 沟通与交往 ········· 70
第一节 沟通对高职生的重要意义 ········· 71
第二节 高职生人际交往的特点与原则 ········· 76
第三节 高职生沟通能力的培养 ········· 81

第五章 幸福与恋爱 ········· 96
第一节 高职生幸福因素分析 ········· 97
第二节 高职生恋爱面面观 ········· 102
第三节 高职生爱与被爱的学习 ········· 112

第六章 思维与情绪 ········· 124
第一节 高职生的思维发展及其特点 ········· 124
第二节 高职生的情绪情感特点 ········· 129

第三节 情绪管理及阴阳辩证疗法 …………………………… 137

第七章 发展与就业 155
第一节 高职生生涯发展概述 …………………………………… 156
第二节 高职生职业生涯的影响因素 …………………………… 166
第三节 高职生就业现状与问题 ………………………………… 169
第四节 高职生就业与创业辅导 ………………………………… 179

附录 普通高等学校大学生心理健康教育工作
实施纲要（试行） …………………………………………… 191

第一章 绪 论

【本章提要】

随着科技的进步、社会的发展，人们的健康观发生了根本的转变，同时也逐步认识到心理健康对自身生活、工作、学习的影响。健康的心理是我们体验幸福的有力保障，是构建和谐社会的关键支撑。加强心理健康教育，提高公民的心理素质和心理健康水平，既是个人自我发展、自我完善的需要，也是公民道德建设、创建和谐社会的需要。高职生和其他年轻人一样，都是祖国的未来、民族的希望，肩负着祖国未来的建设重任，这就要求当代高职生必须具备良好的心理素质。本章阐述了心理健康的意义及标准，高职学生的心理特点以及常见心理健康问题，并介绍了对高职学生进行心理健康教育的途径与方法。

【学习重点】

1. 了解心理健康的意义及标准。
2. 了解高职生的心理特点。
3. 了解高职生常见的心理健康问题。
4. 了解高职生心理健康教育的途径与方法。

【重要术语】

心理　心理健康　心理健康的标准　高职生的心理特点　心理健康教育的途径与方法

第一节　心理健康的重要意义与标准

有这样的一段话："只有优异的成绩，却不懂得与人交往，是个寂寞的人；只有过人的智商，却不懂得控制情绪，是个危险的人；只有超人的推理，却不善于了解自己，是个迷茫的人；只有肢体的健全，却不拥有心理健康，是个不幸福的人。"

在这段话中，优异的成绩、与人交往、智商、控制情绪、推理、了解自己等，都与心理有关，心理与心理健康对于我们的人生意义非常重大。

一、心理、健康与心理健康

（一）什么是心理

"心理"这个词在日常生活中的使用频率越来越高，但什么是"心理"呢？"心理"是指感觉、知觉、记忆、思维、情感、意志、性格、意识倾向等现象的总称。我们这里所说的"心理"指的是"人的心理"。人的心理是动物心理发展到最高阶段的产物，是在人的社会生产劳动实践中形成的。人的心理包括心理过程和个性特征。

心理过程是指人的心理活动发生、发展的过程。具体地说，是指在客观事物的作用下，在一定的时间内大脑对客观现实的反映过程。心理过程包括认识过程、情感过程与意志过程三个方面，其中认识过程是基本的心理过程，情感与意志是在认识的基础上产生的。

认识过程指人们获得知识的过程，这是人的最基本的心理过程。它包括感觉、知觉、记忆、想象、思维和言语等。

人在认识客观世界的时候，不仅反映事物的属性、特性及其关系，还产生了对事物的态度，引起满意、不满意、喜爱、厌恶、憎恨等主观体验，这就是情绪情感。情感在认识的基础上产生，又对认识产生着巨大的影响。积极的情感能引起人们认识的积极性，使人锐志精进；相反，消极的情感会使人消沉、沮丧，扼杀人们认识与创造的热情。人不仅能认识世界，对事物产生肯定或否定的情感，而且能在自己的活动中有目的、有计划地改造世界。这种自觉的能动性，是人和动物的本质区别。心理学把这种自觉地确定目的、并为实现目的而自觉支配和调节行为的心理过程称为意志过程。

个性特征也可称为人格，指一个人的整个精神面貌，即具有一定倾向性的心理特征的总和。个性结构是多层次、多侧面的，是由复杂的心理特征经独特结合构成的整体。这些层次有：1. 完成某种活动的潜在可能性的特征，即能力；2. 心理活动的动力特征，即气质；3. 完成活动任务的态度和行为方式方面的特征，即性格；4. 活动倾向方面的特征，如动机、兴趣、理想、信念等。这些特征不是孤立存在的，而是错综复杂交互联系的，它们有机地结合成一个整体，对人的行为进行调节和控制。

（二）健康与心理健康

1. 健康的含义

1948年，世界卫生组织（World Health Orgnization，WHO）提出，健康是一种生理、心理与社会适应都趋于完满的状态，而不是仅指没有疾病和虚弱的状态，它有一些具体的衡量标准：（1）有足够充沛的精力，能从容不迫地应对日常生活和工作的压力，而不感到疲劳和紧张；（2）处事乐观，态度积极，勇于承担责任；（3）善于休息，睡眠良好，精神饱满，情绪稳定；（4）自我控制能力强，善于排除干扰；（5）应变能力强，能适应外界环境的各种变化，能够抵抗一般性感冒和传染病；（6）体重得当，身体匀称，站立时，头、肩、臂位置协调；（7）眼睛炯炯有神，反应敏锐，善于观察，眼睑不易发炎；（8）牙齿清洁，无空洞，无痛感，无出血现象；（9）头发有光泽，无头屑；（10）肌肉、皮肤有弹性，步履轻松自如。

1989年，世界卫生组织又对原来的健康概念进行了进一步深化，提出健康不只是身体无疾病，健康应包括躯体健康、心理健康、道德健康以及社会适应良好，要求人们从这四个方面综合评价一个人的健康（如表1-1所示）。

表1-1 健康的含义

躯体健康	人体的结构完整，生理功能正常
心理健康	在身体、智能及情感上，与他人的心理健康不矛盾的范围内，个人心境发展的最佳状态
道德健康	在稳定的道德观念支配下表现出来的一贯的符合社会道德规范的行为
社会适应良好	能胜任个人在社会生活中的各种角色，能立足角色，创造性地开展工作并取得成就，贡献社会，实现自我

2. 心理健康的含义

对于什么是心理健康，国内外不同学者提出了不同的观点。

《简明不列颠百科全书》对心理健康的定义是："心理健康是指个体心理在本身及环境条件许可范围内所能达到的最佳功能状态，但不是绝对的十全十美的状态。"

国际心理卫生大会对心理健康的定义是："心理健康是指在身体、智能以及情感上与他人的心理健康不相矛盾的范围内，将个人的心境发展成最佳状态。"

综合国内外各种观点，本书编者认为，健康就是适应，就是机体与环境的动态平衡。对自然环境的适应主要是生理（或身体）健康问题，而对社会环境的适应则主要是心理（或精神）健康问题。心理健康是指个体智力正常，情绪良好，行为适当，在积极认识并改变环境以满足个体需要与努力认识并调整自我以符合环境要求之间，不断取得动态平衡，从中体验到内心的和谐与幸福（郑日昌，1989）。

心理健康不是指一个人对任何事物都能愉快地或无条件地接受，而是指其在对待环境和问题冲突的反应上，能更多地表现出积极的适应倾向。因此，心理健康是一种积极向上的、高效而满意的、持续的心理状态。

二、心理健康的重要意义

对北京市16所院校进行的调查分析表明：因心理疾病休学、退学的人数分别占因病休学、退学人数的37.9%和64.4%；在因心理疾病休学、退学的学生中，神经症患者各占76.1%和54.8%，而神经症中又以神经衰弱为主①。一些重症的心理障碍不仅会严重地妨碍正常学习，还会导致不良的社会后果甚至轻生。心理健康对每一个人来说都非常重要，对高职生而言，它对学生个人，对家庭、学校和社会都有其重要意义。

（一）心理健康对个体的意义

个体只有在心理健康的条件下，才能够懂得学习、学会生活、关心他人、富有创造精神、适应社会、承受各种压力、经受风险、迎接挑战，更好地发挥自己的聪明才智，从而充分实现自己的人生价值。2003年浙江大学一名周姓同学因公务员考试失利，杀死主考官；2004年云南大学马某因人际关系不良，最终残忍杀害四名同学；2007年中国矿业大学一名学生因被冷落而怀恨在心，对同学投毒泄愤……大学生中因心理不健康而导致违法犯罪的情形屡屡出现，这些人的智力水平比较高，但是心理健康水平比较低，不仅自身没能发挥其人生价值，而且带来了严重的社会危害，白白接受了那么多年的教育。2011年某高职学院学生因对专业不满意，要求退学未果，从宿舍楼六层纵身而下……可见，心理健康也是高职生身心健康发展的需要。

（二）心理健康对家庭的意义

我们每个人都会因血缘关系和其他个体产生联系，有直系的亲属（如父母、祖父母等），还有旁系亲属（如叔、舅、姑、姨等）。如果一个人自身的心理健康出现问题，也会给大家庭带来不良的影响。2006年黑龙江某大学一名女生因心理问题，想以自杀来摆脱现实的痛苦，选择跳楼自尽，但她没有摔死，不但心灵的痛苦没有摆脱，而且落下了终生残疾。她的行为使全家人从满怀期待的喜悦中跌入痛苦的泥潭，给全家人笼上了挥之不去的阴影。

（三）心理健康对学校和社会的意义

从学校和社会的角度看，以上所提及的事例从反面说明了心理健康的意义，学生个人的心理健康是接受学校教育的必要前提，心理健康出了问题的学生，很难接受学校的正常教育，这样的学生也影响其他学生的学习，并且还会给学校的正常教学带来干扰，破坏校园的和谐。我们国家正在构建社会主义和谐社会，社会成员的心理健康状况也会影响和谐社会的建设。

三、心理健康的标准及其运用

（一）心理健康的标准

国内外学者通过长期研究，提出了各种心理健康的标准，概括起来主要包括

---

① 薛莉彬，孙中秀. 浅析当代大学生心理疾病［J］. 山西大学学报（哲学社会科学版），1993（03）.

以下几方面。

1. 智力正常

智力是指人们认识、理解客观事物并运用知识、经验等解决问题的能力，包括观察力、注意力、记忆力、思维能力和想象力。智力正常是人们从事一切活动的最基本的心理条件，也是能够胜任工作或学习任务、适应环境变化的心理保证，是个体心理健康的首要标准。

2. 情绪积极

积极稳定的情绪是心理健康的重要标志。心理健康的人能够经常保持积极、愉快的心境，热爱生活，对未来充满希望；善于控制和调节自己的情绪，遇到挫折时，情绪反应适度并且能够积极面对。如果喜怒无常，遇到一点小事就情绪大起大落，或长时间处于消极情绪状态而不能自拔，则是心理不健康的表现。

3. 意志健全

意志是人自觉地确定目标并支配与调节其行动，克服困难达到预定目标的心理过程。意志健全主要体现在行动上的自觉性、果断性、顽强性和自制力等方面。心理健康的人应该有明确的生活目标，并有坚定的信念和自觉的行动；在各项活动中表现出良好的意志品质；具有充分的自信心、高度的责任感和使命感；能够克服不良习惯，克制不良欲望，抵制不正当的诱惑。如果行动盲目、优柔寡断，动摇不定，任意放纵，则是心理不健康的表现。

4. 人格完整统一

人格完整统一是指人格作为人的整体精神面貌能够完整和谐地表现出来，个人的所想、所说、所做都是协调一致的。这是心理健康的核心因素。人格完整统一的标志是：有正确的信念体系和世界观、人生观，并以此为核心把需要、动机、兴趣、理想及气质、性格、能力统一起来，和谐发展；具有正确的自我意识，不产生自我同一性混乱，表里如一；能够抵制口是心非、阳奉阴违等人格分裂的不良倾向。

5. 自我评价正确

恰当的自我评价是心理健康的主要表现之一。心理健康的人应该有正确的自我意识。自我意识是指个体对自己及自己与周围事物关系的认识和体验，也是个人认识自己和对待自己的统一。个体是在现实环境以及与他人的相互关系中认识自己的。心理健康的人在自我认识方面应有"自知之明"，能客观正确地评价自己，自信、乐观，既不妄自尊大，也不妄自菲薄、自暴自弃；在自我体验方面，自尊、自爱、自我肯定，而不自轻自贱；在自我控制方面，自主、自强、自律，能够促进自我全面发展与完善。

6. 人际关系和谐

人际关系和谐是心理健康的重要保证。心理健康的个体乐于与人交往，既有广泛而深厚的人际关系，又有知心朋友；在交往中保持独立而完整的人格，不卑不亢；能客观评价别人，善于取长补短；宽以待人、乐于助人；交往中的积极态度多于消极态度，交往动机端正。心理不健康的人则会自我封闭，或在与他人交往中经常发生冲突，或因缺乏技巧而无法建立良好的人际关系。

7. 社会适应良好

社会适应能力包括正确认识社会环境及处理个人与环境关系的能力。心理健康的人能与社会保持良好的接触，对社会现状和未来有较清晰、正确的认识；能够主动调整个人与社会现实的矛盾冲突，主动适应现实，与社会保持协调一致。如果不敢正视社会现实，逃避社会现实，甚至出现与社会背道而驰的反社会行为，则是心理不健康的表现。

8. 心理行为符合年龄特征

心理健康的人应该具有与自己年龄相符的认知、情感和行为反应模式。心理健康的高职生应表现为朝气蓬勃、精力充沛、勤学好问、反应敏捷、勇于创新等。如果某个同学整天紧锁双眉、老气横秋，或像小孩子一样喜怒无常，过度依赖别人，甚至行为幼稚可笑，心理、行为经常与实际年龄不符，则是心理不健康的表现。

（二）运用心理健康的标准时应注意的问题

心理健康的标准只是一个相对的衡量尺度，它只反映了一个人在适应学习、工作和社会生活方面应具有的基本心理条件，不是心理健康的最高境界。判断一名高职生心理是否健康，要根据上述标准全面、综合地衡量。在具体运用标准时应注意把握以下几点。

1. 心理不健康与有不健康的心理和行为表现不能等同。心理不健康是一种持续的不良状态，偶尔出现一些不健康的心理和行为不等于心理不健康，更不是患上了心理疾病。例如，一名平时性格开朗、活泼的男同学最近脸上没有了笑容，而且有几次夜里做梦哭醒了，其表现是否异常？是否心理不健康？如果了解他的家庭情况，知道疼爱他的奶奶刚去世，那么，这名同学的表现就不是异常，而是正常。当然，如果这名同学的这种状态持续好几年，那他的表现就属于异常了。因此不能简单地对自己或他人的心理和行为作出"不健康"的评价。

2. 心理健康与心理不健康不是泾渭分明的对立面，而是一种连续或交叉的状态。人的心理健康水平可以分为不同等级，从严重的心理疾病到轻度的心理障碍，从心理健康状况一般到心理健康状况良好，这是一个连续的过程。在许多情况下，异常心理与正常心理，变态心理与常态心理这两极之间只有相对标准，没有绝对的界限，只存在程度上的差异。

3. 心理健康状态具有动态性。心理健康的状态并非静止的、固定的，而是动态的变化过程。如果人们不注意心理保健，经常处于焦虑、抑郁的心理状态，其心理健康水平就会下降，甚至出现心理变态或患上心理疾病；反之，如果有了心理困扰或出现失衡，个体能够及时自我调整或者寻求心理援助，就会很快达到心理健康良好的状态。个人随着自身的成长，积累了丰富的经验，心理健康状况也会有所改变。

4. 心理健康的标准是一种理想的尺度。它可以作为衡量高职生心理健康与否的参照标准，更应该成为高职生追求心理健康的努力方向。

每一名高职生都可以在现有的基础上，经过努力，不断发展和提高自己的心理健康水平，从而最大限度地发挥自身的潜能。

第二节 高职生的心理特点与常见问题

高职生作为青年人中的一个特殊群体，既具有青年人的一般心理特征，又具有其自身的特点。

一、高职生的身心特点

人的心理是如何产生的？心理学工作者普遍认为：心理是人脑对客观现实的反映，心理是人脑的机能。个体的心理是以其生理为前提的，也就是说生理是心理的基础，没有生理基础也就没有心理的产生和发展。我国的在校高职生在整个社会中是一个特定的青年群体，其年龄相对集中在18—21岁，其心理活动特征以其生理发展特征为基础，又受社会环境和教养方式的影响。因此，要了解高职生的心理特点，必须先了解这个阶段的生理特征。

（一）高职生的生理特征

人在一生中有两次生长高峰：一是从出生到周岁，不论身高还是体重都是成倍地增长，是身高体重飞速增长时期；二是青春期，男女青年不仅身高体重增长迅速，而且身体内部也发生质的变化。女孩子身高增长开始得早，停止得也早。第一次月经前后，生长速度最快，一般长到19—23岁停止。男孩身高增长开始得晚些，但要长到23—26岁才停止。18—21岁的高职生正处于人生历程中生理发育的成熟时期，其生理特征主要表现在以下几个方面。

1. 生长发育形态。青年在22岁左右形态生长发育基本成熟。此时骨骼已全部骨化，身高达最大值；第二性特征的发育在19—20岁彻底完成，四大体态区分明显。

2. 生理功能。进入青年期的人各项生理功能日渐成熟。具体表现为：（1）脉搏频率随年龄的增长而逐渐减慢，18—19岁时趋于稳定。（2）血压方面，收缩压和舒张压都随年龄的增长而增加。收缩压的稳定时间男女都在18—19岁；舒张压的稳定时间却男女各异，男子在18—19岁，女子在15岁以后。（3）在20岁前，肺活量随年龄增长而增大。如，男子从12—13岁起增长加快，19—20岁起趋于稳定。

3. 身体素质。身体素质包括机体在活动过程中表现出来的力量、耐力、速度、灵敏性和柔韧性等。它们的发展都在青年期进入高峰。据研究，中国青少年身体素质各项指标发展的特点是：男子的发展高峰在19—22岁，23岁后缓慢下降，呈单峰型；女子在11—14岁出现发展的第一波峰，14—17岁趋于停滞甚至有所下降，18岁后回升，19—25岁出现发展的第二波峰，呈双峰型。

4. 脑的发育。童年期以后，脑的形态和功能都已成熟，脑的重量在20岁左右停止增长，大脑兴奋过程和抑制过程的平衡在17—18岁以前完成，18—25岁脑细胞的结构和机能剧烈地复杂化。

（二）高职生的心理特点

1. 认知能力和言语发展成熟

由于青年期的学习内容和学习方法对学习者所提出的要求发生了质的变化，加上活动范围的扩大，个体的认知能力和言语都有了新的发展。其主要表现是：

（1）形成十分稳定和概括化的观察力。稳定性和概括化是观察力向成熟发展的重要标志，儿童和少年的观察力虽敏锐，但缺乏概括性，故观察往往不深刻、不全面，同时也不稳定。处于青年初期的高职生由于其抽象逻辑思维能力和注意的稳定性日益发达，他们可借此组织、调节和指导观察活动，因此观察的概括性和稳定性提高。

（2）获得成熟的记忆力。与少年期相比，青年期的记忆力达到一个新的成熟阶段。从青年初期起，意义识记代替机械识记成为识记的主要手段；识记的目的性增强，有意识记超过无意识记而居于支配地位；记忆效果也进入最佳时期。

（3）形成高水平的思维能力。从思维类型上看，少年学生的抽象逻辑思维主要是经验型的，在一定程度上仍需具体形象的支持，16—17岁的青年则不同，其抽象逻辑思维由经验型水平急剧向理论型水平转化，及至青年中、晚期，理论型的抽象逻辑思维成为一种成熟的思维形式，并必然伴随辩证思维的发展。在思维的品质上，青年的思维在组织性、深刻性和批判性上都得到高度发展。尤其是他们思维的批判性进一步超过少年时期。他们不仅注意材料本身的正确性，而且逐步学会分析思想方法的正确性。

（4）有了成熟的言语能力。其主要表现是：青年人的词汇已很丰富，且内容日渐深刻；口语的语音在青年中期基本定型，口语表达中的独白言语趋于完善；书面言语表达基本成熟；内部言语已达到完全"简约化"的水平。

2. 情绪和情感特征

青年人的情绪和情感虽还缺乏成年人的理智，但已趋向成熟和稳定。其主要特征有：

（1）热情、奔放、容易激动。青年人富于热情，伤感之情易被激发，行动迅速，表现为奔放、果断。但由于生理和自我意识上的急剧变化，有时青年的情绪、情感容易过于激动。

（2）情感的内容越发丰富、深刻。青年学生虽然已有集体主义、爱国主义、同志感和友谊感等高级社会性情感，但还显得肤浅、狭隘，如易把友谊局限在哥们义气这样的小范围内。

（3）对情感的自我调节和自我控制的能力提高，情感逐渐稳定。这一方面表现在青年情感持续的时间延长，情感不再像儿童那样容易转换，受外部情境的影响减少。另一方面表现在青年的情感类型正从外倾型向内隐型过渡，他们能根据条件的需要在一定程度上支配和控制自己的情感，表现出外部表情与内心体验的不一致。

3. 意志特征

青年的意志发展迅速，其特征是：

（1）完成意志过程的自觉性和主动性增强。与少年和儿童不一样，青年在遇到困难时，往往乐于独自钻研，轻易不求助于他人，表现出良好的主动性；同时青年的意志力不再依靠外力的督促和管理，自觉性日益增强。

（2）行动的果断性增强。由于认识能力的发展和逐渐成熟，青年面对充满矛盾的问题时，能够按照一定的观点、原则、经验比较迅速地辨明是非，作出决定并执行决定。与少年相比，青年的轻率和优柔寡断都相对减少，动机斗争过程也逐渐内隐、快捷。

（3）自制力增强。与情绪、情感稳定性的发展相一致，青年控制和支配自己行为的能力也比少年增强。此时，他们能使自己的行为服从于原定的目的和计划，能较好地调节自己的激情。行动的理智性比较强，当然有时也表现出冲动。

（4）富于坚持精神。由于神经系统功能尤其是内抑制功能的发达，以及动机的深刻性和目的水平的提高，青年人在面对困难时表现出比少年强得多的坚持性。他们勇于求成，凡事不肯轻易服输，即便受挫，亦不灰心。

4. 个性的成熟

少年期是个性形成的重要时期，可塑性强，稳定性低。进入青年期，青年的个性虽然还有受内外因素的影响而发展变化的可能，但已相对稳定。其主要标志是：

（1）自我意识趋于成熟。随着知识的积累、智力的发展以及独立安排生活道路这一客观要求的逼近，青年的自我意识日渐成熟。这一方面表现在青年有两种比少年更强烈的关于自我的需要，一是全面认识自己的身心特点和社会价值的需要；二是自尊同时也尊重他人的需要。另一方面还表现在青年评价自己和评价他人的能力趋于成熟。他们的评价不仅在独立性上比少年时增强，而且在深刻性和全面性上也有大的发展。

（2）世界观初步形成。世界观的形成是一个人的个性意识趋向成熟的主要标志。世界观萌芽于少年期，初步成型于青年初期（此时尚不太稳定），到青年中后期进一步成熟。青年对世界全面而深刻的认识，学校的思想政治教育和社会政治活动，以及青年中后期生活道路给青年的锤炼，是青年期世界观形成的基础。青年世界观的形成表现在他们对自然、社会、人生和恋爱都有了比较稳定而系统的看法。在人生观和恋爱观上，已有较明确的对人生的认识和较稳定的理想，对生活道路有了初步选择，择偶标准趋于全面，恋爱中的理智性增强。

（3）道德意识和道德行为水平向成人靠拢。这一方面表现在道德意识在道德行为中的作用日益加强，所掌握的道德准则也比少年时范围更广、质量更高。另一方面表现在青年的道德情感中直觉式情感明显减少，伦理道德式的情感体验开始占优势。此外，青年的道德理想更为现实，知行脱节的现象也日趋减少。

（4）兴趣、性格趋于稳定，能力提高。兴趣是个性倾向性的一个重要方面。进入青年期后，兴趣的范围基本稳定，兴趣的持久性也得到提高。性格和能力都是最能表现个性差异的心理特征。性格在青年初期基本定型，此后的改变十分细小。能力有各种类型，不同类型能力发展的速度不尽一致，但观察力、记忆力、思维能力、注意力等一般能力的发展在青年期都先后达到高峰。

（三）高职生心理发展的特性

1. 心理发展的过渡性

高职生处于青少年向成人转变的过渡期，其心理的发展也处于过渡期。从心理发展水平看，大多数学生的心理正处于迅速走向成熟但又没有达到完全成熟的时期。如：在意志行动上，个体从容易冲动发展到具有一定的自控力，形成相对稳定的行为习惯。

2. 心理发展的可塑性

高职阶段是人生各种心理品质全面发展、急剧变化的时期。高职生在这一时期心理发展存在不稳定、可塑性大的特点。例如：在认知方面容易偏执；在情绪方面容易走极端；在意志方面有时执拗；在个性方面，虽然许多个性品质已基本形成，但却容易受外界或生活环境的影响。

3. 心理发展的矛盾性

由于缺乏一定的社会生活经验、心理发展相对落后于生理的发展、经济上尚不能独立、社会价值的多元化对其不断产生影响等原因，高职生在心理上经常会产生矛盾冲突。

（1）理想与现实的矛盾

高职生一般都有自己的理想，希望将来能够发挥自己的才能。然而现实中，他们难以找到实现理想的途径，在面对人生发展中的困难时往往没有办法、缺乏信心；有的同学有美好的向往但没有切实的行动；有的眼高手低，不喜欢从小事做起，好高骛远，总想一鸣惊人，这必然会引起理想与现实的矛盾冲突。

（2）情绪与理智的矛盾

高职生的情感是丰富的，情绪的变化相对成人而言较快，也较易发生，往往容易激动兴奋，也容易转向消沉、失望，特别是遇到挫折的时候，情绪容易走极端。另外，高职生往往从某种感性认识或直觉经验出发，评价自己以及周围的人和事情，更有甚者以个人的兴趣爱好和喜恶为标准来处理问题。

（3）独立与依赖的矛盾

从中学阶段进入高职，随着生理的不断成熟，反映到心理上，学生们增强了独立的倾向，渴望摆脱家庭和老师的束缚。大部分同学离开父母和家庭，住到了学校宿舍，也为自己的独立活动提供了可能。但是，高职生还处于学习阶段，经济上还未独立，必须依靠父母或家庭其他成员供给。而且高职学生缺乏独立生活的必要技能和经验，还不能真正依靠自己的力量来独立解决生活中遇到的一些问题，不能恰当地处理社会交往中的各种关系，一时还难以摆脱对父母、家庭以及老师的依赖。这就造成了想独立但不能实际独立的矛盾。

（4）乐群与防范的矛盾

如前所述，高职生上学时一般都是离开了父母和家庭。远离了亲人后，同学们多渴望与同伴交往，乐于参加群体性活动。由于在新的环境中时间不长，同学们彼此间相处的时间短，还未形成比较亲密的情感联系，不可能很快有贴心的交流，在与他人的交往中，经常带有试探和防范的心理，这就产生了乐群与防范的矛盾。

（5）自尊与自卑的矛盾

从我国当前的现实看，高职院校的学生主要有两个来源：一部分来自于中等职业学校（包括中专、职高、技校），他们经过考试被高职院校录取，有了上高职的机会，比起别的未考上的同学，他们多少会产生优越感、自豪感，从而获得了较强的自尊。另一部分来自于普通高中，这部分同学参加了现行的全国高考统考，他们没能考出理想的成绩，没能够进入本科院校就读，有的同学因此产生了自卑感、挫折感和焦虑感，会怀疑和否定自己，经常会自我评价过低、丧失信心，出现对前途悲观失望、不求上进等现象。

（6）竞争与求稳的矛盾

当代青年学生平等竞争意识较强，渴望在平等的条件下参与竞争，以便充分发挥自己的能力，实现自己的奋斗目标。他们对那些投机取巧，靠侵害别人的利益获取好处的行为深恶痛绝。但在实际竞争中，他们又害怕风险，担心竞争的残酷性，希望能够稳定，大部分人都有求稳心态。竞争与求稳的冲突在求职时表现得非常突出。

（7）性的生物性和社会性的矛盾

处于高职阶段的青年学生，性生理发育已趋于成熟，这必然使高职生有了性的欲望和冲动。然而，由于人是社会性的，每一个人都不能脱离社会而独立存在，社会靠各种习俗和规范（包括道德、法律）来使自己正常运行。生活在社会中的个体就必然要受到习俗和规范的制约。高职生作为社会中的一员，作为在校的学生，必然受到校规校纪、社会道德以及法律的制约，性冲动的表达必然受到约束。一般学生通过运动、学习、文体活动和社会工作等途径，可以使性的冲动得到某种程度的转移和升华。但也有一少部分人由于过度地关注自身，加之缺乏性知识，对性知识有不当的认识，使性冲动得不到正常的转移，长时间造成性冲动与性压抑的尖锐冲突。

4. 心理发展的差异性

目前，高职院校一般都是三年学制，高职生在不同年级心理发展的特点不同，具体表现在以下几个方面。

（1）适应期。一年级新生以各种心情进入高职后，开始了人生的又一个新起点。大部分学生遇到的突出问题是如何适应高职的学习生活，如何建立起新的人际关系。有调查显示，在新生中，有适应不良和人际交往问题的占68.7%，他们的心理矛盾主要是：自豪感和自卑感交织；新鲜感和恋旧感交织；轻松感和紧张感交织；奋发感和被动感交织。这个时期一般是在一年级，尤其是第一学期，到第二学期一般学生都能逐步适应。

（2）发展期。当新生适应了高职生活，建立起新的心理平衡后，高职生活进入了相对稳定的时期，这是高职生成才定型的关键时期。学生大多数产生了自信心，竞争意识增强了。这个时期突出的心理问题是：成才道路的选择与理想的确立、学习目标的确立、学习方法的掌握等。这个时期也是高职生人生观形成的时期，是学校实现高职教育目标的关键时期。这个时期一般是从大一下学期到大三上学期。

（3）成熟期。高职生经过近两年时间的学习和生活，世界观、人生观逐步形成，心理逐渐成熟，这个时候学生的心理特点与成人的心理特点有许多相近之处。但是这个时期是高职生从学生生活向职业生活过渡的阶段，他们又要面临新的心理矛盾，如继续升学还是就业；是到大型企业，还是去小型企业；是去自己想去的单位，还是去父母家人希望的单位；是保稳还是从事具有挑战性的工作，等等。

二、高职生常见的心理健康问题

调查结果表明：学业问题、情绪问题、人际关系问题、情感问题、性心理问题、生活适应问题、特殊群体心理健康问题，是目前高职生中普遍存在的心理健康问题。

（一）学业问题

很多高职生被学习目的不明确，学习动力不足，学习不够勤奋，学习动机功利化，学习方法不当，学习成绩不理想，考试焦虑，基础差，与新的学习要求差距太大，学习压力大等问题困扰着。也有的学生所学专业非自己所选，对所学专业不感兴趣，这也毫无疑问会影响学习的兴趣和学习结果。

（二）情绪问题

高职生的情绪问题主要表现在以下两个方面。

1. 抑郁。以个体心中持久的情绪低落为主，常伴有身体不适、睡眠不足等症状，表现为心情压抑、沮丧、无精打采，什么事情也不想做、懒得做。

2. 情绪失衡。高职生的情感丰富，情绪情感具有不稳定性，情绪波动大。

（三）人际关系问题

高职生的人际关系问题主要表现在以下几个方面。

1. 人际关系不适应。进入高职后，由于远离原来熟悉的生活与学习环境，面对新的人群，有些学生显得不适应。

2. 社会交往不如意。到高职后，学生的各种活动比较多，很多情况下需要学生在公众场合表达自己的思想和观点。不少学生由于以前没有在公众场合表达自己和锻炼自己的机会，所以，在该自己发言时缺乏表达的勇气，虽然想积极参与，但是害怕讲不好，担心失败。他们想积极参与，但实际只是羡慕而不能真正参与。久而久之，有的学生可能会回避参与活动。

3. 个体心灵闭锁。高职生还没有离开学校进入社会，因此缺乏社会阅历和人际交往经验，有的学生在交往中经常会不自信，不自信会影响自身的人际吸引力，妨碍形成良好的人际关系。而人际关系不好的人，因为正常的交往不够，与其他人的交流沟通不够，又容易引发猜疑、嫉妒等不良心理，不利于个体的心理成长。

（四）情感问题

进入高职后，不少人要开始更多地面对和思考亲情、友情、爱情问题。

1. 亲情。由于上了高职，不少同学有了更多的成人感，希望自己独立，不受父母家人的管束。虽然并非此时的同学都不重视亲情，但在实际生活中，上了高职后，大部分同学与父母家人很少有交流，尤其是思想和情感的交流，有的更多的是要求物质方面的补充。这种现状与通讯手段的发展也有很大关系，在电话、手机未普及的情况下，在外地求学的学生会经常写信与家人交流，在信中双方都会有亲情的表达，新的通讯工具出现以后，表达是方便了，但是涉及到的亲情内容明显减少。为此，前两年，有不少高校的学生管理部门、团委举行"一封家书"的征文活动。不少没有多与家人沟通交流的同学受到家人的诘问，不少父母感到很失落。有句古话能够比较好地反映这种状况：儿行千里母担忧，母行千里儿不愁。尽管平时沟通交流少，但在遇到挫折时，不少同学更多地还是想到自己的父母家人，想到亲情的温暖。

2. 友情。绝大多数高职生重视友情，非常在意同班、同宿舍的人际关系，这也是心理健康的表现和心理健康发展的需要。不少同学由于自身的个性问题，交往知识技能欠缺，导致人际交往不理想，人际关系紧张，给自己带来痛苦和烦恼。

3. 爱情。爱情问题是人生中的一大主题，是正常个体生理发展到一定阶段必然会遇到的，历史上很多文人写作品歌颂它，不少同学从文学作品中产生了对它的向往。虽然爱情不是大学的必修课，但是，确实有不少学生从高职开始自己的恋爱。由于高职生心理发展还不够成熟，情绪易失控，不同个体的世界观、人生观、价值观有差异等原因，谈恋爱的同学经常会与对方发生矛盾冲突，失恋的情况也较为常见。失恋引发的后果有时会非常严重，高职生一定要学会处理爱情与学业的关系。

（五）性心理问题

由于高职同学的生理发育已趋于成熟，在性生理发展的基础上，高职生的性心理也较之于青春期前期有较大变化，如渴望获得异性的好感与认可，产生性幻想、性冲动，出现性梦，等等。由于我国心理健康教育起步晚，性教育更是严重缺失，一部分同学不能正确认识自我的性反应，于是产生了堕落感、耻辱感和罪恶感。

（六）生活适应问题

虽然高职生绝大多数已年满18周岁，从法律规定上已经成年，各学校都会要求同学能够做到"自我教育、自我管理、自我服务"，但是，由于我们国家的情况特殊，大多数家庭孩子少，很多父母在平时的生活中出于对孩子的宠爱，基本没有让他们独立生活，孩子们一旦离开父母进入学校开始集体住宿生活，常常极为不适应。比如，以前在父母身边时，吃饭、穿衣这类事情，都是家长管了，但现在要自己负责，有些人就会不知所措，有的同学还因此经常生病；高职的学习主要靠自己主动，很少有外在的压力，学校、老师虽然也会提醒，但绝对不会像父母那样"总是念叨"，有的同学便"一身轻松"，荒废了学业。如此种种问题都与适应有关。

（七）特殊群体心理健康问题

高职生来自于不同背景的家庭，有些特困生由于家庭经济情况不好，他们的正常学习和生活受到了影响。近年来，特困生的思想、学习、生活已受到社会各界的广泛关注。高职学校也根据国家的政策采取了"奖、贷、勤、免、补"等办法，多种途径解决困难学生的生活问题。然而，外界的关注点更多是放在经济和物质方面，殊不知这些学生的心理方面也应受到高度重视。特困生与一般学生相比，更多地表现出自卑、敏感，人际交往困难，问题行为较多。有的特困生不仅家庭经济困难，学习成绩也不理想，从而产生更严重的心理负担。

另外，独生子女、单亲家庭子女或隔代抚养的子女身上也存在一些特殊心理问题，需要我们给予关注。

第三节 高职生心理健康教育的途径与方法

高职生的心理健康状况要求高职院校必须重视心理健康教育。当然，重视和加强对学生的心理健康教育不仅是学校的事，社会、家庭和学生个人也都要注意此问题。如何对高职生进行心理健康教育？根据已有的知识经验，在学校层面可以做如下工作。

一、开展心理普查，建立学生心理档案

各院校在新生入学时，就可以和应该开展心理普查，建立学生的心理档案。通过问卷、心理测试等科学方法，了解新生的家庭情况、成长轨迹、个性状况、智力水平、心理健康水平、学习状况等，将其心理问题的历史或现状记录下来，建立高职生心理健康档案，以便及时掌握学生的心理健康状况，提高心理教育的针对性。可以对有心理问题及心理障碍的学生进行重点辅导和监控，以便及时有效地对其进行心理健康教育，防患于未然。建立学生的心理档案还有助于学生管理工作的深入推进，有利于帮助学生进行职业生涯的规划。所以在学校建立学生心理档案时，广大同学应积极配合学校的工作，客观地反映自身的心理状态，切忌讳疾忌医、不如实填写自己的情况。因为，错误的信息一方面会影响老师和学校的正常工作，另一方面也会误导老师和学校对自己的指导帮助，最终害了自己。

二、开设心理健康教育的有关课程

学校对学生心理健康的重视，体现在对有心理问题的学生及时进行教育和干预，并协助对有心理疾病的学生进行治疗。然而矫正学生的心理问题毕竟是补救工作，而且费时费力，更加有效和积极的做法是做好前期的预防工作，防患于未然，将一些心理问题消灭在萌芽状态，甚至是从根本上消灭产生心理问题的"土壤"。做好前期预防工作的主要途径就是对学生进行系统全面的心理健康课程的课堂教学。

心理健康的课堂教学可以使学生系统地了解心理健康的基本知识，如教会学生正确认识自我和完善自我；有效地调节情绪，学会应对挫折，提高学生积极合作的参与意识，培养和塑造健全的人格；学会爱的能力和方法，培养正常的恋爱心理；树立科学的健康观念，提高健康意识，能关注自身的心理健康状况，及时发现和解决影响自身心理健康的问题；确立自己的职业生涯规划，并以此引领自己的高职阶段学习和今后的职业发展；等等。从而使高职生达到心理功能的最佳

状态，性格得以完善发展，心理潜能得到最大程度的开发。

这里需要特别注意的是，心理健康课并非单纯讲授心理健康知识，而要以活动为主，通过丰富多彩的教学或团体心理辅导活动，让学生在活动中感受体验，将心理健康知识内化为个人的心理素质，从而提高心理健康水平。

三、开展心理咨询工作

学校应积极创造条件建立心理咨询室，对学生进行辅导并提供及时的心理援助。建立心理咨询室只是开展心理咨询工作的物质条件，除此之外，还需要建立一支以精干专职教师为骨干，专兼结合、专业互补、相对稳定的心理健康教育工作者队伍。当然，开设心理教育的有关课程也需要这些老师，工作中要加强教师之间的交流沟通。

心理咨询可以是个别进行的个体咨询，也可以是以小组方式进行的团体咨询。一对一的个体咨询，可以解决特定学生所遇到的问题。针对有类似问题的学生（如贫困生）实施团体或小组咨询，则能提高咨询的效率。无论个体咨询还是团体咨询，都应注意将学生的积极性调动起来，增强学生自身克服困难的信心和决心。

四、扩大有关心理健康知识的宣传

在以上工作或途径之外，还有很重要的一方面，就是要扩大有关心理健康知识的宣传。因为课堂教学的时间毕竟有限，教师不可能将众多的内容都讲给学生，教师课堂讲授的内容也很难一下子就深入学生的内心，所以，学校可以也应该充分利用学校广播、电视、计算机网络、校刊、校报、板报、橱窗等多种媒体，广泛向学生宣传、普及心理健康知识，强化学生的参与意识，提高学生对心理健康知识的兴趣，使学生掌握更多的心理健康知识，不断提高心理健康水平。

五、不断提高教师的心理健康水平

虽然现在的高职教师大多已经学习过心理学，懂一些心理健康的知识，但是，更多的教师毕竟不从事心理健康课程的教学，在当今存在较大工作压力的高职院校内，教师的心理健康水平也是一个影响学校正常工作的因素。如果教师的心理健康水平较高，教师不仅在教学的过程中精神饱满，以积极的情绪情感来带动学生、影响学生，还会在教学过程中将心理健康的知识传授给学生，进而促进学生心理的健康。相反，如果教师的心理健康水平不高，甚至有心理疾病，那么在教学过程中，在和学生的交流中，教师就会"污染"学生的心理。

【建议参考资料】

1. 郑日昌，伍新春．职业技术教育心理学［M］．北京：北京师范大学出版社，1999．

2. 彭聃龄．普通心理学［M］．北京：北京师范大学出版社，2001.
3. 曾文星，徐静．心理治疗原则与方法［M］．北京：北京医科大学出版社，2001.

【问题与思考】

1. 如何看待心理健康的标准？
2. 高职生的心理及心理发展有什么样的特点？
3. 对于常见的高职生心理健康问题，你如何看待？
4. 对于高职生的心理健康教育，你有什么样的期待与建议？

第二章 自我与适应

【本章提要】

想要了解自己到底是谁,如何对他人和环境作出思考和反应,如何更好地调节自己的情绪和行为以获得生命的至高目标——幸福,这些内容都是自我研究的核心内容。通过对自我内容的研究和了解,有助于学生理解为什么别人看待世界的方式和我有如此之大的差别,理解为什么有些人如此悲观和压抑,而有些人却如此乐观,并在困难面前坚忍不屈。这些都将帮助学生更豁达地看待人生中遇到的一些状况,将发生的事情作为一种体验,一种经历,将生命的至高目标——幸福视为一个过程,更加关注当下,活在当下,从而走在通往幸福的路上。因此在提倡和谐社会的大背景下,个体自我的和谐发展是个人幸福的前提和基础,也是构建和谐社会的基础要素。

适应是一个人通过不断调整自身使其个人需要能够在环境中得到满足的过程,适应也是自我与环境和谐统一的一种良好的生存状态。人的一生就是一个不断适应的过程。对于高职生来讲,只有适应高职生的各个阶段,才能采取切实的行动转变自己,发展自己,成长自己。

本章阐述了自我意识的基本理论、自我意识产生和发展的一般规律及高职生自我意识培养的基本途径;分析了高职生的适应与角色转变问题,介绍了高职生常见适应问题的调适方法。

【学习重点】

1. 理解不同观点下自我的内涵,并能够运用不同的观点来理解自我的功能,最终实现在日常生活中运用自我的成分来分析具体事件,统整自我达到自我和谐。

2. 了解适应现象、适应的意义、适应的内容,协助学生正确看待适应,并作好适应的各项准备。

3. 了解高职生常见适应问题的一般处理原则。

【重要术语】

自我意识 适应

第一节　高职生自我意识的发展与培养

案例： 一个高职新生的日记

记得上小学时，老师就教育我们：长大要考大学。从小学到初中，再从初中到高中，考大学是我唯一的目标。今天，梦已圆，我终于跨进了高职学院的大门。然而，眼前的大学让我欣喜让我忧，我由此陷入迷茫与惆怅。美丽的校园、漂亮的教学楼、宁静的图书馆、明亮的教室、先进的实验仪器……这一切都让我这个只见过锄头和铁锹的农村娃感到无比兴奋：我真的走进了梦境中的知识海洋和科学殿堂吗？然而，曾记得中学的老师这样告诉我们："你们现在要努力学习，刻苦刻苦再刻苦，中学是苦水里泡出来的，大学是在糖水里泡着的。"现在高年级的师兄师姐们也以同样的口吻告诉我："高职学习很轻松，混混就有60分。"进入高职，我真的可以歇一歇了吗？我感到矛盾和困惑，雄心勃勃的我难道真的过于天真了吗？我仿佛失去了自己的目标，如同一艘迷失了航向的小船，在茫茫的大海上飘荡。

高职新生朋友，你有过这样的心理体验吗？如果你遇到这样的矛盾与困惑，又该如何面对呢？这就涉及自我意识的相关内容，让我们一起来学习。

一、自我意识的基本理论

（一）自我意识的概念

自我意识，也称自我，也就是人们常说的自我认识，是对自己身心活动的觉察，即自己对自己的认识，具体包括认识自己的生理状况（如身高、体重、体态、容貌等）、心理特征（如兴趣、能力、气质、性格等）以及自己与他人的关系（如自己与周围人们相处的关系，自己在集体中的位置与作用等）。自我意识可以是有关自我的一套观念，也可以只是有关自身认识的一些直觉，但无论是观念还是直觉都会对我们的行为产生影响。准确的自我知觉，有助于个体的社会调适和心理、行为素质的良好发展。

（二）自我意识的结构

自我意识是一个多维度、多层次的心理活动系统，既包括生物的、生理的因素，又包括社会的、心理的因素；它既是个人心理活动的主体，同时也是心理活动的客体，涉及个人的身体、心理、社会等多方面的内容。

心理学家詹姆斯最先使用"主观的我"和"客观的我"来区分自我的两个方面。主观的我指的是"自己认识的自我"，是自我反省时对自己特征的意识，是对于我们正在思考或我们正在知觉这个过程的意识与觉察，而不是指我们的身体或心理过程。客观的我指的是"人们对于他是谁以及他是什么样的人的想法"的总称。而我们常常讲的自我意识一般指的是客观的我，也就是通常我们所说的自我概念和自尊。但最新的实践表明，影响个人心理健康的主要因素是主观的我，即自己认为别人眼中的自己是什么样子。

詹姆斯还指出客观的我由三个要素构成，即生理我、心理我、社会我。生理我是指个体对自己生理属性的认识，如身高、体重、长相等；心理我是指个体对自己心理属性的认识，如心理过程、能力、气质、性格等；社会我是指个体对自己社会属性的认识，如自己在各种社会关系中的角色、地位、权利等。这三个要素又都包括了自我认知、自我体验、自我调节等方面。

1. 自我认知

自我认知主要涉及"我是一个什么样的人"、"我如何成为这样的人"等问题，它包括自我感觉、自我观念、自我分析、自我观察、自我评价、自我批评等。在客观的自我认识基础上作出正确的自我评价，对个人的心理活动、行为表现及个人在社会群体中人际关系的协调，都具有重大的影响。如果一个人在社会生活中认为自己低人一等，没有价值，表现畏畏缩缩，做事缺乏胜任的信心，没有主动性和积极性，其结果必然是做什么事情都难以保证质量。相反，如果一个人在社会生活中只看到自己的长处，就会产生盲目乐观的情绪，孤芳自赏，自以为是，其结果往往是处理不好人际关系，或难以与人合作，或被他人拒绝，或被群体孤立。由此可见，对自我的客观认知和评价，即自我认知，对于个人的健康发展有着不可忽视的影响。

2. 自我体验

自我体验属于情绪范围，是伴随自我认识而产生的内心体验，是自我意识在情感上的表现，即主我对客我所持有的一种态度。它反映了主我的需要与客我的现实之间的关系。客我满足了主我的要求，就会产生积极肯定的自我体验，即自我满足，例如自尊、自爱、自信、责任感等；反之，客我没有满足主我的要求，则会产生消极否定的自我体验，即自我责备，例如自责、自弃、自恃、自怜等。

自我体验的产生是环境与个人内部的心理因素相互作用的结果，它是由外在环境的变化引起的。而这种由外在环境所引起的特定情绪状态，又是与情绪经验的积累与概括相联系的。愉快、兴奋、愤怒、恐惧与羞怯都是以动机的形式对自我知觉产生作用，从而激发人们的行动。行为的成功与失败，总是能引起一些或积极或消极的情绪反应，如果学生把考试的优良成绩归因于自己的努力和能力，就能提高自我价值并增强自尊心；如果把考试的失败归因于自己的努力和能力这些内部因素时，则会降低自我价值并挫伤自尊心，这也说明行动和情绪体验有密切联系。

3. 自我调节

自我调节反映的是意志成分，主要表现为个人对自己的行为、活动和态度的调控，也包括对他人态度的调整。例如"我怎么节制自己"、"我如何成为理想的那种人",表现为自立、自主、自强、自律、自卫等。自我调节的执行要与个人的具体特点相结合。如当个人缺乏某种知识或技能时,就不能取得积极的成果,因而对自我产生不满。自我调节的实际意义在于根据个人的能力水平确定自己的任务和目标,实施计划时不受其他事件的诱导与干扰。在实施自我监督时,对各方面的条件估计越全面,收集的信息越多,越有利于实现自我调节。

以上三个部分互相联系,有机组合,完整统一,成为一个人个性中的核心内容。

下面几个小活动,可以增强个体的自我意识。

1. 请以"我"开头分别写出十个关于自我感觉、自我观念、自我评价的句子来。

2. 再以"我看到我……","我接纳我是……"重复上面的句子,仔细体会内在的感觉与仅仅写下句子有什么不同。

3. 对于自己不喜欢的特点,用这样的句子来代替:"我看到我有……","我接纳我是……","从现在起我决定做……"。比较一下内心的感觉有什么不同。

(三) 自我意识的作用

自我意识是人类特有的心理现象,它的作用十分强大。自我意识由主我和客我两部分组成,对于自我意识的功能,我们也从主我的功能和客我的功能两方面来分别阐述。

1. 主我的功能

(1) 自我概念将我们和其他事情以及其他人区别开来。例如用锤子敲打桌子时我们不会感到疼痛,但当我们的手指被锤子砸到时我们会惊跳起来。这使得我们常常将自身作为自己活动的参照物。人们对外部世界的各种看法,多是相对于自己而言的。例如,我们说"那儿离这儿很远"是相对于自己所处的地理位置而言的。个体认为某人很蠢,其潜在含义至少是那人没有自己聪明。

(2) 自我是个体活动的觉察者、调节者和发动者。个体知道自己在干什么、干得如何,并随时修正,这表明自我是个体活动的觉察者。而某一活动干得是否恰当,自我会对它作出评价,提供反馈信息,从而保持或改变活动的内容、方向和强度,这时自我作为调节者。比如意识到我们与他人的区别,也意识到自己只能掌控部分事情而不是全部事情,这会影响我们的期待;比如我们不会期望老师每次考试都给满分,但我们可以期望自己通过努力学习与表现争取考试获得好成绩。临床发现如果个体长期处于被迫的活动状态之中,就会产生心理上的烦恼,丧失自信,产生生理或心理疾病。由此可见自我作为个体活动的发动者具有极其重要的意义。

(3) 自我概念使我们具备了连续感和统一感。由于我们有对自己的认识,从而知道几天前坐在这里的人就是我。同时我们的自我概念使我们的心理具有统一性,我们统合起来感知我们的思维和知觉,而不是片断地感知。例如,有人认为做人应该对得起自己的良心,那么无论在何种情况下,他都会努力按照这一信条去做,否则便会有一种过失感和罪恶感。如果个体感到自己处处与他人不一样,他就会感到恐慌,这时自我总是会寻求自己活动的独特性。同时当个体的活动被预期可能受到惩罚时,个体总要寻求与其他个体活动的共同性。正是这种连续感和统一感,这种独特性与共同性,使我们成为不同的个体,也成为我们理解每个个体不同的理论基础。由于我们处于不同的生活环境,经历不同的生活事件,使我们成为独特的个体,在处理事情时表现出不同。

2. 客我的功能

(1) 意识功能,即对自我的观察与评判。

人们对自己的看法在认知功能中占有重要的地位,它影响着人们对信息的加工和解释。不同的人可能会获得完全相同的经验,但对这种经验的解释却可能完全不同,而解释经验的主要影响因素是一个人的自我意识。例如两名同样被评为学校三好学生的人,可能会对此有不同的看法:一名同学认为,我自己努力学习、事事积极表现,三好学生的荣誉非我莫属;而另一名同学可能会认为,不就是个三好学生,也起不到实质作用。研究表明:人们尤其倾向于注意并选择与他们经验相一致的信息,并能对之进行快速而有效的加工;同时人们也表现出更善于记忆与他们有关的信息的特点,尤其是那些与他们思考自己时相似的信息。

(2) 保持功能,即对个人需要、动机、目的、兴趣、行为的引导和保持。

人们关于自己的想法指引着他们的行为。现实自我和理想自我越是接近的人,其自我形象就越好。只有认识和了解自我,并对自己的经验持一种接受态度的人,才有可能充分挖掘自身潜能以争取更大的成功。自我意识良好的人对自己有合理的期望,乐观从容,积极进取,善于抓住机会不断改进和完善自己;能够与人建立良好的人际关系,有自尊,也能尊重别人,有自信,也能相信别人,有助于自己的事业成功。一个人曾经通过自己的努力达到了自己的目标,他就倾向于在以后的生活中相信能够通过自己的努力达成目标,从而努力工作赢取成功。也就是说不同的自我特点能够引发不同的自我评价,并激发各具特色的自我追求。

(3) 动机功能,即寻求理想的自我实现。

理想的自我不一定是客观上有价值的,它是个体希望使自己成为什么样的人。由于人们可以制订计划的特性,使得他们可以努力使自己成为特定的一类人。从个体的角度看,个体很少有自我满足的时候,他总是处于不断追求和奋斗的状态中,即寻求理想的自我实现。

二、高职生自我意识产生和发展的一般规律

(一) 自我意识的产生和发展

发展心理学研究表明：个体的自我意识是与其生理和心理能力成熟程度相关的，它是在与社会环境长期的相互作用过程中形成和发展的，许多社会因素对自我意识的形成和发展起着重要作用。

1. 儿童自我意识的发生

儿童自我意识产生或形成的标志主要有物—我知觉分化、人—我知觉分化和有关自我的词的掌握。

(1) 物—我知觉分化

可分为三个发展阶段。最初出现的是物—我感觉分化。初生婴儿不知道自己身体的存在，其吮吸自己手指、触摸自己身体部位时就像吮吸、触摸别的东西一样。当婴儿感觉到两者的区别时，婴儿就出现了物—我感觉分化。此时，可以说是婴儿出现了主体（自我）感觉。

到1岁末时，幼儿开始能将自己的动作和动作的对象区别开来，在感觉上对自己的动作与动作的对象或结果产生了分化。例如，推球，球滚；拉床单，床单挪位，床单上的小猫吓跑了。这是在物—我感觉分化基础上形成的对自己动作和与动作相联系的外物的知觉分化。

在进一步的发展中，幼儿开始能将自己和自己的动作区分开来，出现最初的随意性动作。幼儿开始知觉到他所做的动作是自己发动的，自己是活动的主体。这标志着儿童出现了最初的（相对于客体，尤其是物理性客体的）主体意识。

(2) 人—我知觉分化

可分为两个发展阶段。其一是对人微笑。3个月的婴儿开始对他人微笑，表明婴儿对他人刺激发生了反应，这是一种最初的人际相互作用反应。其二是从形象上区分他人和自己。婴儿认识他人的形象比认识自己的形象更早。6个月以前的婴儿已能对不同的他人作出不同的反应，已能认识父母的形象。7、8个月的婴儿开始关注镜中的自我像，10个月时出现与镜中自我像玩耍的倾向，1岁零8个月开始能区分同伴（包括从照片上区分）。2岁零2个月的幼儿能准确认识镜中或照片上的自我形象，这标志着儿童出现了最初的（相对于他人的）自我意识——自我知觉。

(3) 有关自我的词的掌握

1岁以后，幼儿开始能将自己同表示自己的语词（名字）联系起来。例如，成人叫他的名字，他能知道是叫自己。接着，他学会使用自己的名字代表自己，同时也发展起对自己躯体的认识和对自己身体感觉的意识等。在有关自己的这种表象性认识的基础上，约在2岁末幼儿开始能使用物主代词"我的"及人称代词"我"。"我"的使用具有相对性，它需要抽象和概括能力，正是伴随着这种抽象

与概括能力的出现,即儿童从把自己当做客体的人转变为把自己当做主体的人来认识,自我意识最终形成。由此出发,儿童进一步发展起自我评价,产生自我情感,到3岁时出现明显的自尊心和羞耻感等。

2. 自我意识在社会互动中形成和发展

生理的成熟和发展只是形成自我意识的前提,并不能必然保证自我意识的形成和发展。例如,狼孩并没有出现人的自我意识。社会心理学的研究表明,个体自我概念发展的核心机制,是其在认知能力不断提高的同时存在着与他人的相互作用;儿童社会自我的发展与他们对别人知觉能力的发展有着紧密联系。由此可见,自我意识的形成和发展还依赖于个体参与社会生活以及与他人相互作用。

心理学家库利指出,自我观念是在与他人交往过程中,个体根据他人对本人的反应和评价而发展的,由此提出"镜中我"(looking glass self)的概念。他说:"正像我们从镜中观察自己的脸、手指和衣着,因它们属于我们自己而感兴趣一样,我们也从他人的思想中认识我们的面貌、风格、目标、行动、特征、朋友等,而且从多方面受其影响。"这就意味着他人对于个体的态度,不仅影响着个体自我意识的发展,而且影响着个体的成长,塑造着个体的实际自我。

心理学家米德进一步发展了库利的思想。他指出,我们所属的社会群体是我们观察自己的一面镜子。他认为自我意识是在社会互动中通过扮演他人的角色,把自己置于互动对方的位置上而逐步形成的。他指出,通过角色扮演,个体在社会互动中将自己视为一个被评价的客体,在与具体他人的互动中个体产生了暂时的自我形象,当这种自我形象逐渐定型,就形成了一种稳定的将自己确定为某一类客体的"自我观念",即形成把自己确定为某一类人的自我意识。而这种自我意识有助于人际间的适应,有助于形成归属感。总之,个体在社会互动中发展扮演不同角色的能力而使自我意识得到发展,随着个体角色扮演能力的逐步提高,扮演角色范围的不断扩大,自我意识就进入了不同的发展阶段。

3. 影响自我意识形成和发展的社会因素

尽管对具体制约因素的看法不尽相同,许多研究者还是认为自我意识更多地是受外界因素的影响。

(1) 社会经济地位

社会经济地位是由社会经济关系决定的个人的社会身份和地位,通常社会经济地位对自我意识有两方面作用。一是影响有关自我隶属于某一阶级、阶层的社会自我意识,从而决定自我的政治意识和政治态度。二是影响个体心理自我意识的发展水平,例如自我成就、自我实现欲求的高低等。

(2) 社会文化环境

在同一文化背景下生活的人们,可能形成共同的自我意识成分。有研究者通过对不同文化背景下自我意识的差异性研究发现,文化价值观的差异是东西方文化背景下自我图式差异的根本原因，东方文化造就了依赖型的自我，西方文化造就了独立型的自我，这在一定程度上揭示了文化对自我意识的影响作用。

（3）家庭

家庭对个体自我意识的形成和发展起着关键性作用。许多研究者认为，儿童对自己的看法是他们父母如何看待他们的反映，因为父母作为"重要他人"，是文化的传递者，通过对儿童行为的奖惩来影响其自我意识的形成。经常受到父母肯定奖赏的儿童倾向于形成肯定的自我；相反，苛刻的父母所给予的否定评价则易使儿童形成否定的自我，严重时甚至会导致自我分裂。

（4）角色扮演

角色指与某种社会身份相称的行为规范的集合。角色扮演则指个体依据这种行为规范集合去行使自己的权力，履行自己的义务，是在社会互动中进行的。在这个过程中，角色扮演的成功与否既与个体对该角色行为的理解有关，又与其他人对该角色的角色行为期望密切相关。当自己对该角色的行为理解与他人的期望协调一致时，个体角色扮演成功，易于形成自信、自尊的自我意识，能促使更高的成就意识的发展，形成熟练地扮演"一般人"的能力，使自己更能适应社会环境。反之，角色扮演者就会常常经历到角色的冲突，体验到焦虑、紧张，使自我意识的同一性受损，或导致社会适应不良，引发心理疾患。

（5）他人的评价

我们的大多数有关自己的信息都来源于他人，是对他人评价的反映。他人评价对自我意识的形成具有重要作用。国内学者研究发现，小学三年级以上的学生已经形成十分清晰的自我意识，他们对自己多方面的评价都高度接近教师与同伴对他们所作的评价，与他们的实际状况也具有高度的一致性。

（6）参照群体

参照群体的选择也常常影响个体自我意识的发展。研究表明，参照群体的信念和价值观是个体自我观念的重要来源。个体常常根据参照群体的价值取向定义自己，形成自我观念；将参照群体的价值倾向理解为一种期望，约束自己的思想和行为，融入自己的意识之中；与参照群体比较以进行自身地位的评价。因此，谢里夫把参照群体的规范看做个体的社会目标、自我评价、社会评价乃至世界观形成的基准线。

（二）高职院校学生自我意识的特点

高职生自我意识的发展受其年龄、生活经历、社会背景、专业知识以及特殊的教育环境等因素的影响，高职生的自我意识主要表现在以下几个方面。

1. 自我认知的全面性与片面性并存，表现在自我评价的意识和能力提高，但对自我的认识和评价偏低。

自我认知，就是主观的我对客观的我的认识和评价，是自我意识的核心，是自我体验和自我调节的基础。只有自我认知准确，才能实现自我和谐。进入高职以后，随着学习、生活、人际交往的深入和发展，学生的自我认知有明显的变化，他们在认识客观世界的基础上开始认识主观世界，从关注自我外在特征如身体、容貌、仪表等转向对气质等自我内在品质的关注。同时他们更看重自我的社会属性，对自我的社会归属、社会角色、社会价值、社会义务有更深入的认识和理解，对自我的评价也愈加全面、深入和客观，自我认识的深度和广度大大提高。

但由于学生涉世未深，对未来抱有很大的期望和幻想，对自我的认识容易以偏概全、浅尝辄止，不可避免地出现了理想我和现实我的矛盾——现实自我与理想自我之间的距离直接影响着自我体验。有些学生自信过度，骄傲自大，听不进师长的教诲，听不进同龄人的意见，一意孤行，这就是自负。相反则表现为自卑。自卑就是对自我怀有否定和怀疑的情绪，同时拥有负性的自我体验，主要表现为孤独感、焦虑感等。孤独感是由于得不到他人思想上的理解与情感上的共鸣而产生的一种自我体验。焦虑感是一种缺乏明显客观原因的内心不安或无根据的恐惧。这种孤独感和焦虑感使得学生学习目的不明确，学习积极性不高，这在很多高职院校普遍存在。

高职生相对本科院校的学生来说，或者在中学时成绩一般，或者来自中等职业学校，在目前普遍重视升学率的情况下，他们没有受到老师、同学甚至是家长足够的重视与鼓励，导致他们的自我认识与评价偏低。据2010年吉林电子信息职业技术学院对2 246名新生的调查结果显示，有自卑心理和自卑倾向的学生数量高达1 716名，占总数的76.5%。

2. 自我意识积极与消极并存，表现为自我体验丰富而复杂。

自我体验以自我认知为基础，当自我体验产生以后，种种喜怒哀乐的体验反过来又会影响自我认知，影响对待自我的行为意向。高职生随着自我认识的全面和深入，自我体验也随之丰富，一方面他们对人生、对世界、对社会和自然的体验更加真切和丰富，对美的体验和追求更加高雅和迫切，高职生自我的社会观和人文观更加全面和深刻。但是另一方面，当学习、家庭、人际关系或者恋爱等遭受挫折和困难时，他们往往容易出现恐慌和自卑，情绪敏感等消极心理和情绪非常明显。这种自我体验的波动性使高职生的情绪极不稳定，对于发展高职生的自我和谐是不利的。为什么高职生会有这种自我体验的波动性呢？原因在于高职生对人生观和价值观的认识还没有内化为自己稳定的心理结构，因此，对自己的体验往往容易因外界积极的或消极的因素而改变。

3. 自我意识独立和依附并存，表现在自我控制的矛盾性。

自我控制，是指个体的思想、情感和行为通过自身特殊的机制而进行的一种自我调节的过程，是在自我评价的指导和自我体验的推动下，个体对自己心理活动和行为的自觉而有目的的调整。高职生自我认识的主动性增强了，但由于他们缺乏足够的社会经验，加上世界观尚未定型，价值观念还不很明确，心理还未成熟等因素，对相当一部分的高职生而言，他们的学习目标还不够明确甚至未确立。因此在一定的环境和一些不良因素的影响下，对自己的行为监督和控制能力还较差。很多学生会把意大利文学家但丁的名言"走自己的路，让别人说去吧"作为自己的座右铭，这从客观上说明大多数高职生渴望独立，要求自己独立自主地行事，不愿受父母的约束和教师的训诫。作为在校生，主观和客观条件决定了他们不可能实现真正的独立，他们必须依附于父母，必须听从老师的教导，很多时候必须听从他人的指导和安排，这种主观上的渴望独立和客观上的事实依附使得高职生内心充满纠结和矛盾，表现在行为上就是自主性差。在一些高职院校，相当一部分学生缺乏学习动力，学习没有目标，逃课、迟到、醉心于恋爱、沉湎于网络游戏和聊天交友，对于错误行为明知故犯，无法控制。

三、培养高职生自我意识的基本途径

德国作家约翰·保罗说："一个人真正伟大之处，就在于他能够认识自己。"认识自我就是要全面地了解自己的身体和个性，了解自己在群体中的位置、在周围人际交往环境中的形象，以及自己的职业理想、自己所扮演的社会角色等。自我认识的难处在于自己认识自己，自我是认识的主体，又是认识的客体。要使认识具有全面性和正确性，就要凭借各种正确的参照系。只有打破自我封闭，拓宽范围，增加生活阅历，扩展交往空间，积极参加活动，扩大社会实践，才能找到多种参照系，才能多方面、多角度地认识自我。

（一）正确认识自我

正确认识自我的途径包括认识他人、分析他人对自己的评价、与他人进行比较、与自我进行比较、观察自己的活动表现和成果、自我反思和自我批评。第一，个体与社会和他人有密切的联系，个体要超越自我来认识自我就必须通过认识他人和认识外界来进行。这就要求高职生要积极地投身到认识世界和改造世界的社会生活实践当中去。第二，深刻的自我认识是以深刻地认识和理解他人和社会为前提的。高职生的自我认识受他人评价和态度的影响，但这种影响并非是被动和消极的，他们在接受别人评价影响之前，会对评价者及其所作的评价进行分析，然后有选择地接受他人的评价。第三，个体对自我的认识，通常是通过与他人进行比较而实现的，因此选择合适的参照系是十分重要的，比如什么是良好的个性品质标准，什么是恰当的评价标准。第四，加深对自己的认识也可以将现在的我与过去的我相比较，通过观察自己在实践活动中的表现和成果，客观正确地认识自己的知识才能和兴趣爱好，进一步发挥自己的长处，弥补自己的短处。由于高职生已经具备了一定的自我反思和自我评价能力，在实践过程中要对自己的

心理活动进行反思，对自己的行为进行一分为二的分析，严于解剖自己、批评自己，在自我解剖和自我批评中，更深刻地认识自我。

（二）积极悦纳自我

悦纳自我就是对自己的本来面目持有认可、肯定和喜悦的态度，要坦然地接受自己的一切，包括好的和坏的、成功的和失败的，并且要培养对自己的价值感、自豪感、愉快感和满足感。这种积极的情感体验可以激发人奋起向上，争取实现自我。高职学生想要获取积极的情感体验，就要接受自我、悦纳自我，从而塑造健全的自我意识，维护和增进心理健康。

高职学生可以通过以下途径获取积极的情感体验。

首先，高职学生应全面、积极地评价自我，协调理想自我与现实自我。建立积极悦纳自我的态度要从多个侧面对自我进行客观的评价，既要进行横向比较，将现实自我与理想自我作比较，看到自己的差距，同时也要进行纵向比较，将现实的自我与过去的自我作比较，看到自己的进步。

其次，要懂得"失之东隅，收之桑榆"，正视自己的短处，既努力扬长也注意补短。一个人固然有长处和短处，高职学生不能只看短处，否定自己，也不能自负，而是要对自己进行恰当的评价，客观对待短处，不断发挥自己的长处。

最后，要辩证地对待成功与失败，进行归因训练。成功与失败，都是高职学生需要正视的事实。一是正确对待失败。要清醒地认识到眼前的失败并不代表永恒的失败，要知道努力并不一定会收获成功，但不努力一定没有机会与成功相遇。二是体验成功。善于发现学生的长处，创造机会使学生充分展示自我。三是进行归因训练。研究发现能力、努力、任务难度和运气是人们在理解成功和失败时知觉到的四种主要原因，一个人解释自己行为结果的原因会影响他的行为、期望和情感反应。高职学生应学会正确的自我归因，将成功归因于个人努力的结果，这样可以增强自信心和成就感，减轻因不正确的自我评价和过低的成就期望而导致的焦虑感。另一方面，将失败归于任务难度和运气，则有助于保护学生的自尊，提高进一步实践的积极性与主动性。

（三）科学塑造自我

高职生应有很高的抱负和远大的理想，但"齐家、治国、平天下"须从"修身、养性"开始，即从点滴小事开始，从行动开始。科学地塑造自我，需要做到以下几点。

1. 合理定位理想自我，树立明确适中的奋斗目标。正确的目标能够诱发人的动机，强化人的行为，并促使其指向预定的方向。在理想的追求过程中，确立正确的自我目标，关键是要按照社会的需要和个人的特点进行设计，要切合自己的知识程度、能力水平和生活经验的实际情况，确定通过一定努力可以实现的目标。目标过高，容易丧失信心而放弃追求。目标过低，则体现不了自我的人生价值。合理的目标可以激励个体坚持不懈地为之行动。

2. 增强自尊和自信，培养坚强的自控能力。自尊自信是使人能够保持为实现理想自我而奋斗的动力，激励个人不断进取。因此要不断培养自己健全的意志品质。在实现人生目标的过程中，既有各种本能欲望的干扰，又有各种外部诱惑的侵袭，容易放弃对理想的追求。想成就一番事业，就必须能够抵制诱惑，控制情感，把握行为，这就需要培养学生健全的意志品质。自我控制的动力来源，在于从根本利益和长远利益上去看问题。在遇到诱惑的时候多想想自己的根本利益和长远目标，从而增强控制自己的动力。同时，要有意识地训练自己去做应该做的事情，克服妨碍"我要做"的愿望和动机，从而自主地塑造自我。

3. 塑造良好的性格。良好的性格是一个人学业和事业成功不可缺少的必要因素。印度有句谚语说，"播种行为，收获习惯；播种习惯，收获性格；播种性格，收获命运"。这也道出了良好性格的形成过程，即从一点一滴的小事做起，勿以善小而不为，勿以恶小而为之；要在优美的环境中养成良好的习惯。因此高职生要在自己的周围创建一个优美的环境，如宿舍环境、教室环境，进而养成良好的行为习惯，最终形成良好的性格。

心理辅导活动：生命成长线
1. 目的：了解自我，从而接纳自我、展望未来
2. 器材：纸，笔
3. 过程：请回顾一下自己的人生经历，在纸上画出一个坐标轴，横坐标表示时间，纵坐标表示对生活的满意度，可以通过对不同时间经历生活事件的满意度来表示；然后找出自己生活中一些重大的转折点，连成线，边看线边思考这些转折点对自己未来人生的影响；也可以对自己未来的人生进行展望，可用虚线来表示。

梳理你的人生，写出你的个性特点，思考你认为影响你目前状况和个性特点的几个关键生活事件，说说你感觉它们是如何影响你的个人成长的，并撰写个人成长报告。

第二节　高职生的适应与角色转变

从中学（职）时代走来，每一个高职新生都将面临一个全新的世界，在生活环境、学习特点、人际交往、时间掌控等方面都发生了很大的变化。只有在短期内尽快地适应环境，调整自己的心态，转变个人的角色，才能为今后的高职生活奠定良好的基础，顺利地度过高职时代，使自己成为合格的职业人。

一、什么是适应

（一）适应的内涵

适应是生物界特有的普遍存在的现象，是指那些能增加有机体生存机会的身体上和行为上的改变。变色龙就是一个很好的例子，它善于随环境的变化随时改变自己身体的颜色。变色既有利于隐藏自己，又有利于捕捉猎物，从而很好地在自然界中生存。而心理学中用适应来表示对环境变化作出的反应，如对光的变化的适应和人的社会行为的变化等。

著名心理学家皮亚杰指出：适应的本质在于取得机体与环境的平衡，既可以是一个过程，也可以是一种状态。根据生物学的观点，皮亚杰认为适应是通过同化和顺应两种形式实现的。同化是把环境因素纳入机体的动作与经验之中，以丰富个体的动作与经验；顺应则是改变自身的行为以适应客观变化。个体正是通过同化和顺应这两种形式达到机体与环境的平衡。这种平衡绝非静止不变的，如某一个水平的平衡会成为另一个水平的平衡运动的开始。如果机体与环境失去平衡，就需要改变行为以重建平衡。这种平衡—不平衡—平衡……的动态变化过程就是适应。

因此，适应作为一种心理现象具备如下的性质与特点：第一，心理适应是伴随着环境变化而出现的反应；第二，心理适应是一种重建平衡的动态过程；第三，心理适应的内部机制是同化和顺应的平衡，心理适应状态就是同化与顺应之间取得相对平衡的结果。

（二）适应的意义

1. 适应是人的一种基本需要

"适者生存"是自然界的普遍规律。一切有机体都必须适应它们的环境，才能生存和繁衍。如果没有环境变化的刺激，也就不存在个体的适应或不适应问题。所以高职生要认清现实，面对巨大的变化，努力提高自己的社会适应能力，这样才能在竞争激烈的社会生活中生存发展。那么什么是社会适应能力呢？它是指人类适应外界环境从而赖以生存的能力，也就是说个体对其周围的自然环境和社会环境作出反应的能力，是人与社会相互作用时的心理承受水平以及自我调节能力。它包括人的气质、性格、应激能力等心理指标。社会适应性直接影响着人的工作绩效。每一个人的社会适应性都是针对某一特定环境而言，并且具有强与弱的区别。也正是在这一意义上说，心理健康是每个人自身生存与发展的必然要求。

2. 适应是获得幸福感的前提和基础，本身具有发展的功能

只有通过适应，高职生才能够在特定的环境里生存，获得认同与归属感。比如，进入高职阶段的学生，许多人是第一次住宿舍，如果不能够改变自己原先的习惯，与同宿舍的同学保持基本一致的生活节奏，将会被排挤出宿舍的小圈子，

就会感到被冷落，从而影响个体的幸福感。只有适应了环境，获得特定群体的认同，获得归属感，才会感受到支持，感受到幸福。也只有通过不断地适应环境，活在当下，才能达成幸福。

可什么是幸福呢？这是个仁者见仁、智者见智的永不过时的话题。这里我们介绍由哈佛大学泰勒·本-沙哈尔博士提出的所谓"幸福模型"——"汉堡模型"。他认为幸福是快乐与意义的结合，即幸福的人会觉得自己在有意义的生活方式里享受它的点点滴滴。汉堡模型代表着四种不同的人生态度和行为模式，分别是享乐主义型、忙碌奔波型、虚无主义型、幸福型。所谓享乐主义型是指注重眼前的快乐，不为任何可能发生的后果而担忧，他们的错误在于将努力与痛苦、快感与幸福等同化了，该类型的汉堡味美却是标准的垃圾食品；忙碌奔波型牺牲眼前的幸福，为的是追求未来的目标，他们认为成功就是幸福，该类型的汉堡味道不佳却富含营养；虚无主义型不享受眼前的事物，对未来也没有任何期望，他们是被过去经验击垮的胆小鬼，该类型的汉堡既不好吃也没有营养；幸福型汉堡是指既能享受当下的快乐，而且目前的行为可以获得更加满意的未来，其特点是从事自己喜欢的工作或热爱自己所从事的工作，乐观向上，积极进取，在工作中体验快乐，该类型的汉堡既好吃又有营养。

（三）适应的种类

1. 依据适应的对象分为环境适应与自我适应

人类作为高等动物不仅具有生物属性，而且还具有社会属性和意识属性，因此人类个体的适应包括环境适应（自然环境、社会环境）与自我适应。环境适应涉及人与环境的关系，包括个体对环境的认识以及个体在整合各方面信息后对自己心理和行为的调控，对环境有良好的适应表现为个体对环境适应的主动性、反应的适度性和调控的灵活性，即个体能主动地搜集和分析信息，恰当、有效地控制自己的行为，并及时根据个体与环境的关系进行调整，建立起和谐的人际关系，在组织和社会中找到自己合适的位置，使自己生活和事业的目标得以实现。自我适应主要与个体的自我认识和自我体验有关。良好的自我适应表现为个体自我觉察的敏锐性、自我评价的恰当性和情感体验的积极性，即个体对自己内部的心理状态和心理活动有清楚的觉察，对自己的各个方面有恰当的评价，以及对自己有积极的情感体验，能肯定自己，悦纳自己，包括坦然承认自己的局限和缺陷，并对自己的发展成功有信心。个体的自我适应与环境适应相互联系、相互影响、相互作用，构成其整体的适应水平。

2. 依据适应的表现方式分为内部适应和外部适应

内部适应是指在心理上达到认知和情感上的平衡状态的适应；外部适应是指在行为上能够符合外部环境要求的适应。一般而论，可以认为内部适应是外部适应的基础，外部适应是内部适应的外在表现，二者应该是一致的。但在某些特殊条件下,也可能存在不一致的情况。比如,有时候屈从于某种外部压力,为了避免更大的挫折,尽管内心并不情愿,但有可能在行为上暂时遵从某种规范,表现为表面上的顺从或服从,这就是一种外部适应与内部适应不一致的情况。

3. 依据适应的性质与效果分为消极适应和积极适应

消极适应是指个体改变自己的行为或态度以适合外部环境的要求,这是一种基本的、比较被动的适应方式,其作用只是求得一时的内心平衡;积极适应是指主体充分发挥自身的主观能动性,尽最大可能去改变环境使之适合自己发展的需要,这是一种比较高级、比较主动的适应方式。在个体发展过程中,生存与发展之间存在着十分密切的、相辅相成的关联,因此这两种适应方式之间也存在着不可分割的联系。事实上,两种适应对人都有重要价值,首先要能够生存,然后才谈得上发展。生存是发展的基础,发展是生存的目的。但从个体适应能力形成的过程看,通常是要先学会生存适应,然后才能达到发展适应的水平。

4. 依据适应的内涵分为狭义适应和广义适应

狭义的适应是指在遭受心理挫折后人们采用自我防卫机制来减轻压力,恢复心理平衡的过程。广义的适应是指当外部环境发生变化时,主体通过自我调节系统作出有效反应,使自己的潜能得以充分发挥,使内外环境重新恢复平衡的心理过程。前者更多地表现为无意识的适应过程,具有一定的自发性;后者则主要表现为有意识的适应过程,带有更明显的自主性。在个体发展过程中,前者出现得较早,而后者出现得较晚。但是,随着个体心理成熟水平和思维水平的提高,后者的作用就会越来越大并逐渐占据主导地位。

二、高职生适应的内容

高职生的适应包括个体的自我适应和环境适应两大部分。一方面要求高职生具有自我完善的意识,对于自己的长处和短处、价值和局限性能有比较全面的认识,既能坦然承认自己的短处,接受自己的局限和缺陷,又能恰如其分地看待自己的长处和价值,并能保持积极进取、扬长避短或扬长补短的态度,产生积极的情感体验,进而提升自己、完善自己;另一方面要认识到个体对环境的影响作用,在完善自我的同时,通过完善自己不断改进环境,创造一个和谐发展、有利于共同进步的校园环境,创建适合本专业发展的班级氛围,进而在个体与环境之间达到动态的平衡。具体来说包括环境、生活、学习、人际等方面的适应。

(一) 环境适应

对于高职生来讲,环境适应的内容比较广泛,既包含自然环境的适应,也包含社会环境的适应。相当多数的高职生离开了原来所熟悉的环境,进入新的校园,衣食住行所面临的都是一个全新的环境。在高中、中职阶段,学校环境可能只涉及教室、老师办公室和校园,而高职阶段会涉及更多的部门,包括教室、机房、图书馆、餐厅、宿舍、教务部门、学工部门等。由于大学环境的特殊性，各个部门之间距离可能会比较远，有时办点事情相当不方便。另外随着近年来高校的不断扩招，部分高职新生生活的校园可能在远离城市的郊区，地理位置偏僻，周围环境很不理想，交通自然也很不便利。这又是高职新生对自然环境适应的一个巨大挑战。这就要求高职生克服心理惰性，积极面对新的环境，用行动去适应这些变化。

　　社会环境的改变包括多数高职生要离开父母和家庭，过集体生活，要独自去面对同学、老师、校工等人员，处理好与他们之间的关系，这就要求高职生能够尊重他人、宽容他人，以一颗平常心对待生活中遇到的人、事、物，能够从他人的角度去看待事物，能够客观分析事物的诸多方面，不急躁，不盲从，妥善处理遇到的各种事件，从自己做起，创造一个和谐、健康的社会环境。

　　高职生要主动去适应环境，但也必须在认识环境的基础上按照客观规律办事。因此，高职生首先必须认清环境，审时度势。其次，高职生还要对自己的需要有清楚的了解，知道"我想要什么"，在此基础上对自己的能力有恰当的评价，弄清"我能干什么"，做到知己知彼，进而对环境因素的性质作出可控或不可控的判断，再进行行为调控的决策：对于可控因素，选取恰当的时机，采取恰当的步骤，并考虑环境的可接受程度，控制行动的速度和力度，从而有效地适应和改造环境，实现自我；而对于一些不可改变的环境因素，特别是当个体目标因环境因素而无法实现时，则应主动调适自我，接受现实，宣泄情绪，另找出路。

（二）生活适应

　　高职生年龄多处于18—21岁之间，属于法律上的成年人。但多数高职生一直处于父母、长辈的悉心照料下，犹如温室里的花朵一般，过着衣来伸手、饭来张口的生活。而升入高职学校后，许多事情需要独自处理，真正的独立生活开始了。从离不开父母的家庭生活到事事完全自理的高职生活，一切都要从头学起。高中生的大部分时间和精力都用在学习上，生活上的事情绝大多数由父母包办打理，从做饭、洗衣服到理发，有的家长甚至每天给孩子收拾床被、打洗脸水等。而进入高职学校后，首先面临的就是日常生活的打理，吃饭穿衣的问题不再有人提醒了，一切都要靠自己搞定，如什么天气穿什么衣服，一日三餐分别要吃什么，如何安排自己的作息时间，等等；因此，高职生要学会准时起床、运动，学会自己整理床铺，收拾房间，学会自己洗衣服，缝补衣服，学会自己照料自己……在学习的过程中，如果能够和同学进行交流就更好了，因为同学间的互相影响和互相学习能够在一定程度上促进生活自理能力的提高。

　　其次要面对的重要方面是对钱财的管理。高职新生一般都没有太多"理财"的经验。由于家长一般每月或每学期给一次生活费，高职生就要自己独立计划如何进行消费。计划不当甚至没有计划的学生常常在月初大手大脚，把后面的伙食费提前花掉。因此，高职新生要培养"理财"的观念，钱要花在刀刃上，要避免完全不必要的消费，可花可不花的尽量少花，要注意考虑哪些开支是必需的，哪些开支是完全不必要的，哪些是可有可无的。要避免赶时髦、讲排场等不良社会风气的影响，要根据家庭经济能力来确定自己日常消费的层次。

再次，高职新生要注意培养良好的生活习惯。良好的生活习惯是确保顺利、成功度过大学阶段的一个重要基础。养成良好的生活习惯要注意以下几个方面：第一，要合理地安排作息时间，遵守学校的作息制度；第二，要进行适当的体育锻炼和文娱活动；第三，要保证合理的营养供应，养成良好的饮食习惯；第四，要选择积极健康的休闲娱乐方式，远离吸烟、酗酒、沉溺于电子游戏等不良习惯。

（三）学习适应

学习对在校学生来说是一件很重要的事情，多数高职新生在文化课学习方面存在一些困难，理想的高等职业院校是专门培养学生实用技能的院校，文化课相对较少，但就我国高职院校发展的现状来看，还做不到把更多的时间用来培养学生的实用技能，多还延续着普通高校的一些惯例，有相当部分的文化课学习。因此，高职新生一定要了解高职学习与高中学习的区别，树立正确的学习观，掌握正确的学习方法，尽快适应高职阶段的学习。

在树立学习观方面，高职新生要树立终身学习的理念，现代社会不再会有"铁饭碗"、"包分配"之说，随着信息技术的迅速发展，人类正在进入信息社会。在信息经济时代，知识老化速度大大加快，只有树立终身学习的观念并不断去实践这个理念，才能在这个剧变的时代中生存、发展、成功。终身学习的理念要求高职生珍惜在校学习的机会，在这个过程中不仅要掌握相关的学科知识，而且要增强获取知识、自主判断与选择的能力，养成主动学习、持续学习的习惯，养成不断探索、自我更新、学以致用、科学地获取和处理信息的习惯。

掌握科学的学习方法就必须要对大学的学习方式有所了解。第一，大学的学习与基础教育的学习有着本质的区别。基础教育阶段学生是"被老师拖着走"，教学是满堂灌，更多的是记、背、考的学习，而大学强调学习动机和主动性，老师只是对难点、重点、学术前沿和实践应用等进行引导，更多知识的学习依赖于学生的自主性。第二，大学教育更注重的是对学生思维能力的培养，比如批判性思维、创新性思维。当然批判性和创新性都是在具备一定知识经验积累的基础之上去探索未知世界时形成的。在大学，传统知识的学习和创新、批判思维的学习是齐头并进的。第三，在大学校园里，学习无处不在。庞大复杂的学生组织和丰富的社团活动都是课堂学习的有益和必要补充。因此要求高职新生在入学后有初步的学习生涯规划，制订相应的学习计划，思考自己打算在学校里学习什么，如何完成相关内容的学习，如何来检验自己是否已经完成相应的任务与目标，并以此来增进学习的主动性。除此之外还要合理安排自己的学习时间,考虑好参加什么样的社团,避免部分新生因学习成绩下降而引发自卑和悲观情绪,甚至出现逃课、退学等现象,同时避免天天忙得昏天黑地,单社团活动一项就占去自己大半时间而耽误学习。

(四) 人际适应

高职新生面临全新的人际关系,包括师生关系、同学关系、亲子关系三个方面。

正如前面所讲的,大学校园里学习无处不在,学习的内容和途径也是各不相同,这样也便导致了与教师的关系纷繁复杂。与任课教师的关系怎么样,能否按时出勤,是否给任课教师留下好印象,是否能主动与任课教师沟通,这些决定了是否能够顺利通过考试,是否能够真正学习相关内容。另外,大学里辅导员的角色举足轻重,除了班主任外,各种荣誉和入党名额都掌握在辅导员手中。如何通过正确的途径建立与辅导员的联系,建立与任课教师和实训教师的联系,都是每一个高职生需要认真考虑的问题。

对高职新生而言,最具挑战性的还是同学关系,其中涉及最多的是同舍关系。住在同一个宿舍里的同学可能来自五湖四海,共同生活在一个新集体里,由于地区风俗、生活习惯、个性心理、观念文化的差异,加上当代青年自我意识、私人空间意识强化等原因,新生在人际交往中还是面临不少的困难。面对新的人际环境,不少新生可能存在讨好、退缩、逃避等心理,不能正确面对宿舍里存在的问题,以致引发一些不必要的矛盾,甚至扩大为刑事案件。这就要求新生一定要注意集体住宿引发矛盾的一些因素,避免激化矛盾,要将矛盾妥善解决,从"三赢"、"和谐"的角度出发,共同经营好"小家庭",共同学习,共同进步,朝向幸福的未来。

要处理好宿舍的人际关系,就必须了解人际关系的基本原则,掌握人际交往的基本技能。这些原则包括平等、尊重、宽容、真诚、信用等原则,基本技能则包括积极交往的心理态度、主动热情待人、聆听与赞美的技巧、批评与拒绝的技巧等。

最后还要再提一下亲子关系。2007年某职业学院对444名同学亲子关系的调查结果表明:有80%的同学深爱父母,交流良好;有17%的同学深爱父母,但思想有隔膜;另有3%的同学表示与父母亲无感情,无法正常沟通,或者憎恨父母。这个调查表明多数家庭的亲子关系是良好的,但也存在部分新生与父母关系不好。这是由多方面的原因导致的。首先,每个人都渴望别人能认可自己、支持自己、接纳自己,但在现实生活中还是有部分父母因自身阅历和知识所限,不能够给孩子更多的接纳与支持,而是简单地说教,甚至有些父母会暴力解决孩子的教育问题,导致孩子的不自信和叛逆。其次,有些父母可能在处理自己的婚姻关系、人际关系方面方式欠妥当，不能够给孩子树立良好的榜样。比如在两个人的婚姻中拿孩子当讨价还价的筹码，或者不孝敬老人，有些敏感的孩子会为此埋怨父母，觉得自己低人一等，因而排斥父母；还有的父母由于工作太忙疏于与孩子交流，认为只要让孩子吃饱穿暖就好了，导致孩子对父母有怨恨心理，认为父母不关心自己，只知道挣钱。作为高职学生，首先应该看到这些现象是客观存在的，要积极去面对和正确处理。如果自己和父母的关系不是特别融洽，应多理解父母的不易，考虑父母所生活的年代以及所经历的事情对他们现在所作决定的影响，考虑时代变迁对为人父母所提出的巨大挑战，同时反思自己有没有做到位，是否愿意与父母多沟通。对于受过高等教育的学生来说，良好的沟通是一项基本生存技能。

三、高职生的角色转变

社会是个大"舞台"，每个人都在社会舞台上扮演着不同类型的"角色"，在不同的社会情境下，一个人往往要扮演各种不同的社会角色，所以每个人都必须在个人社会化的进程中，不断地学习符合各种角色的社会行为。高职生在三年的学习过程中要完成两次重要的角色转变：一是由中学生转变为高职生；二是由高职生转变为合格的职业人。

高职学生的角色与中学生的角色相比发生了显著的变化，这就要求高职生认识自己的角色要求，认真做好"高职生"这个角色。

（一）学生的角色

高职生的首要角色依然是学生，学生的社会任务依然是学习。高职生的学习内容主要包含以下几个方面。

1. 学会做人

只有良好的品格，才能铸就崇高的人格魅力；只有具备高尚的人格和道德修养，才会真正实现自己的理想、创造人生的辉煌。所以，高职生首先要学会做人，学会做人包括端庄的行为举止，文明的礼仪修养，严明的纪律观念，忠实的工作作风，不怕脏、不怕苦、不怕累的劳动态度和刻苦耐劳的劳动品质，与企业共荣的群体意识和与人合作的团队精神，自力更生的创业精神和开拓创新的创业能力等个性品质。这就要求高职生不断增强自主性、判断力和个人的责任感；树立正确的人生观和价值观，拥有明确的伦理道德观念和是非观念，能够遵守社会公德，使自己的各项行为符合新时期高职生的行为规范。同时应该光明磊落地做人，真实地做人，不能一味的"圆滑"，顺着别人去做所谓的"老好人"，要敢于讲真话、讲实话，对朋友敢于痛下针砭。做人是一门艺术，更是一门大学问，要在高职阶段完成从自我意识到自我定位，从自我改进到自我完善的转化过程，净化心灵，陶冶性情，提高做人境界。

2. 学会做事

学会做事，不仅是指通过开发技能和实践专门技术，以创新的方式将知识和学习融入到实践中，而且还要发展各种能力，包括生活技能、学习技能和工作技能，要提高个人素质，培养对工作的兴趣和认真负责的工作态度。学会做事的有效方法是参加社团活动和社会实践，从小事做起，提高自己做事的能力，如做事有条理、合理安排时间、把握工作重点、注重细节、立即行动、合作共赢的能力等。

3. 学会共处

顾名思义，学会共处就是学会共同生活和工作，学会共处就是要学会关心、学会分享、学会合作。学会共处，首先要了解自身，发现他人，尊重他人，关心他人。了解自己是认识他人的起点和基础，所谓"设身处地"，就是"由己及人"，"己所不欲，勿施于人"。其次，学会共处就要学会平等对话，互相交流。平等对话是互相尊重的体现，相互交流是彼此了解的前提，而这正是人际和谐共处的基础。家庭之内，父母和子女之间如朋友般的思想交流不但是消除"代沟"的重要途径，而且是孩子成长的重要条件。学校之内，教师与学生如朋友般地平等对话，既是"教学相长"所必需，也是教育成功的体现。社会个体之间、群体之间的平等对话和互相交流则是社会和谐的重要保证。再次，学会共处就是要学会用和平的、对话的、协商的、非暴力的方法处理矛盾和解决冲突。学会共处，不只是学习一种社会关系，也意味着尊重生命，与自然和谐相处。

4. 学会求知

学会求知首先是"知求"，也就是知道怎样探求知识和获得知识，现在的学习任务不是知识本身，而是获得能力、方法和技巧。对高职生来讲，"学会学习"不仅要学会收集、选择、处理、管理和使用信息，而且要学会将掌握的知识应用于实践的方法和措施。因此高职生要增强获取知识、自主判断与选择的能力，养成主动学习和持续学习的习惯，养成不断探索、自我更新、学以致用、科学地获取和处理信息的习惯。

（二）职业人的角色

高职生是准合格职业人，职业人的社会角色是完成特定的工作，因此需要具备通用的职业素质与职业能力，具体包括以下方面。

1. 自主学习的能力。学会学习的能力是最基本也是最重要的职业核心能力，在当今社会转型时期，为了使劳动者适应组织结构变革、技术创新和工作过程持续变化的要求，劳动者必需具备学会学习的能力。学会学习的能力主要包括两个方面的含义。首先，学会学习意味着自主学习能力的发展；其次，学会学习意味着批判性学习能力的发展，即学生拥有反思能力。对实践和学习进行反思的能力是具有范围广泛的职业核心能力的具体体现。

2. 交流能力。交流能力是当今社会劳动者最重要的能力之一，人们需具备运用现代语言和信息技术进行交流的能力。交流的能力包括提供口头陈述的能力，比如交谈、演讲、接听电话等方面；提供书面陈述的能力，比如提交报告、起草公函等方面；收集和提供信息的能力；提供建议的能力；建立公共关系的能力；与不同层次的人建立联系和持续地保持联系的能力；等等。

3. 团队合作能力。与人合作技能是从所有职业活动的工作能力中抽象出来的，具有普遍适应性和迁移性的一种核心技能，是指根据工作活动的需要，协商合作目标、相互配合工作、调整合作方式、不断改善合作关系的能力，是从事各种职业必备的社会能力。团队合作能力是与其他人进行交往、共事的能力和显示团体取向的行为和移情行为的能力。

4. 组织管理能力。组织管理能力是一种参与能力，它是指个体作出决定，并为承担职责作好准备的能力。它包括理解业务的过程和组织机构的能力、理解组织财政情况的能力、理解组织行政管理和其他方面管理事务的能力、理解并进行质量管理和质量控制的能力、监管的能力、传授和培训的能力。

5. 解决问题能力。解决问题能力是指确定问题、提出解决问题的方案并付诸实施、检查其实际效果的能力。面对工作和生活中遇到的各种问题和困难，要求学生能够冷静、沉着地思考和分析，提出解决问题的办法或方案，然后付诸实施，正确地进行处理。

上面我们介绍了高职生的两种主要社会角色及社会对他们的期待，为了吃到幸福型的汉堡，高职新生们，行动吧！

第三节　高职生常见适应问题的调适

高职新生适应不良的调适需要多方面的努力。对学校来讲可以在新生入学教育、军训、班级活动、班会过程中渗透新生适应的内容，指出新生所面临的巨大变化，给新生以适当的引导，并鼓励新生以积极的心态去迎接扑面而来的挑战；同时也要求高职新生从自身出发，充分挖掘自身的潜力，发挥自己的主观能动性，努力更快更好地调整自己的心态，及时完成角色的认知和认同过程，及时扩展自己的视野，提高自己的心理承受力。下面我们通过四个小案例来说明如何适应新的学校生活。

一、适应高职新环境

校园是高职生活中最重要的场所，能否对校园环境、教学方式及管理制度有熟悉和充分的了解决定了新生能否在学校中自如地生活和学习。请看下面的案例。

案例一：想要退学的小严

男生小严，是五年制高职一年级学生，身材魁梧，外表给人的感觉很阳光，可是刚入校不久，他连续多次夜自修时两手托腮，心事重重，有时甚至伏在课桌上偷偷抽泣；白天上课时也无精打采，时常发呆；课余时间独来独往，孤僻离群。没过多久，小严有了退学的想法。通过谈心发现，小严是家中的"独苗"，虽然家在农村，但从小父母很少让他干活，他一直过着饭来张口、衣来伸手的舒适生活。进入高职校后过起了寄宿制的集体生活，小严受到了严重的挑战：早晨没有父母叫，要自己起床；衣服没有父母代劳，要自己洗；吃饭没有父母照顾，要自己打理。随着热热闹闹的迎新活动和紧紧张张的军训活动的结束，枯燥无味的学习生活又开始了，有些课程，他在课堂上听不懂，老师讲的内容教材上找不到，又不知道应该做什么。更令人烦恼的是，开学初，家长给的半年的生活费已被自己花去了一大半……在高职校的新环境中，小严无从适应新生活，非常想家，时常靠与父母长时间通话排遣寂寞苦闷，而高职校严格的管理制度，使小严不可能经常煲电话粥，以致出现上述情形。

小严应该怎么办才能适应新环境、新生活呢？

高职一年级，对每一位新生来说，既是成长道路上的新起点，又是人生道路上的重大转折点。从初中到高职，由于生活环境、学习内容、理想目标、人际关系等方面都发生了很大的变化，高职新生的心态也变得复杂，常常出现种种适应不良的现象。其实，像案例中小严所表现出的对新生活不适应的例子并不是个别的现象。研究人员曾对某高职校 2005 级新生做了抽样调查，在随机抽样的 282 人中，对新生活表现出不适应的占 85.1%，比较适应的只占 14.9%，由此可见，高职新生中对新生活不适应的人数占相当高的比例。因而，正确认识新生活，发现变化，适应变化，学会自立，从而尽快适应新生活是高职新生平安顺利度过高职生活的前提和保证。

那么如何才能够迅速适应这种变化呢？请看专家支招。

第一招：从内心深处意识到变化是唯一的不变，从而在心态上作好相应的准备，从容应对。要知道变化是必然的，这是个普遍现象，是每个人都要经历的阶段，觉察到这种变化说明自己逐步迈向人生新阶段，这是一件可喜的事情，要避免一些负性情绪的影响，比如紧张、焦虑、恐惧。在心态上作好了足够的准备就可以自如地应对。

第二招：在现实层面整理所遇到的变化，也就是把自己种种有待适应的方面列下来，看看哪些是自己通过时间这个伟大的验证可以逐步改变的，哪些是自己所不能掌控的，哪些是急需解决的，哪些是可以暂缓解决的，哪些是要靠自己的力量去完成的，哪些是可以借助老师、同学、专家来解决的。经过一番整理可能会发现困难并没有自己想象的那么大，即使困难很大也可以逐个击破，关键是第一招里建立起的必胜的信心，在此基础上制订出各个击破的方针与行动步骤。

第三招：建立小"账本"。不断记录自己的成长历程，看到自己进步的方面和已经能够应对的变化，适时地强化自己取得的进步，给自己一些小奖励。找出自己不能够执行的计划，客观分析原因，必要时可以寻求辅导员、班主任或心理辅导老师的帮助，让自己顺利度过高职适应期。

二、适应高职新学习

案例二：不爱学习的小W

新生小W，自述有厌学倾向，不愿意上课，上课无心听也听不懂老师讲的内容，所以时常迟到早退，在教室里也是经常看看手机，听听MP3，晃晃一节课就过去了。特别烦上晚自习，一进教室就心烦意乱，根本不想学习。自己也知道这样做不好，一年的学费不少钱，家里父母也挺辛苦，挣钱挺不容易的，自己在这里混日子觉得挺对不起父母的，可就是控制不住自己……为此非常苦恼。

小W个案的表现是由学习动机缺乏造成的精神空虚和懈怠，进而形成行为上的怠慢。这不是个别现象，很多高职学生入校后，便失去了生活的目标，出现了动机真空，不知道自己的劲该往哪里使。这是由于各种不同的原因导致的，如有的学生在长期的应考过程中产生了严重的厌学心理，不愿意在学习上再下那么大的工夫；有的学生由于不适应大学学习的方法，成绩总是不理想，因而失去了学习上的进取心，产生了破罐破摔的消极心理；也有的学生对教师的教学质量不满，对学校的工作有意见，产生了消极的情绪而失去了学习的兴趣……总之，原因是复杂的，但表现形式是类似的，即学习缺乏主动性、积极性和自觉性，表现出学习上的倦怠、生活上的懒散、精神上的空虚和消沉。如早上不愿意起床，上课不愿意听讲，用他们自己的话讲，"一上课就犯困"；课下不愿意看书，不愿意完成作业，不愿意动脑筋；学习无计划，随大溜，贪玩，沉迷电脑游戏等。

那么如何才能够及时改变这种状况，不至于因为迟到早退过多，多门课成绩不合格而导致被勒令退学的地步呢？请看专家支招。

第一招：首先在意识层面要做些改变，意识到大学学习与中学学习有所不同。在学习目标上，已从"为升入高一级学校而奋斗"转变为"使自己成为优秀职场人"；在学习要求上，再也不是局限在"所有课程得高分"上，考虑更多的是掌握专门知识与能力，培养全面素质；在学习的自主性上，中学生主要依靠教师安排学习活动，自主性很少，高职生则主要靠自己安排学习活动，自主学习范围大；从所学内容来看，中学少而浅，高职多而深；从学习方法来看，中学生自学时间少，高职生自学时间多；从思维方法来看，中学生多表现为模仿、记忆以及对知识的一般理解，高职生创造性学习多，深层次理解多。学习模式已经从以教师为主导变成以学生自学为主导的自学模式。了解到这些不同，新生就要养成主动和自觉学习的好习惯，要多向专业教师或高年级学生请教，请他们介绍契合本专业的学习方法，并且要在学习内容上注意寻找自己的学习兴趣；养成发现问题、思考问题、研究问题和解决问题的好习惯。

第二招：很多高职生会感觉到原先基础差而跟不上学习进度，他们对于这种现象通常有两种态度，一种是基础差跟不上，就放弃学习；另一种是看到基础差就要加紧步伐，补上落下的部分。这反映的就是高职生是否有积极的心态。李开复提出了学习的四种境界：1. 熟能生巧。经过练习掌握课本上的内容，知道问题的答案。2. 举一反三。具备了思考的能力，掌握了学习的方法，能够知其然，也知其所以然。3. 无师自通。掌握了自学、自修的方法，无师亦可以主动学习。4. 融会贯通。可以将学到的知识灵活运用于生活和工作实践，懂得做事与做人的道理。还有学者指出任何学习往往都要经过四种境界：1. 无意识无能力，即不知道自己不懂。2. 有意识无能力，即知道自己不懂。3. 有意识有能力，即知道自己懂了，并努力做到。4. 无意识有能力，即不知不觉懂了，并无意识地使用。这两种观点从不同角度去谈学习的境界，但却有共通之处。基础差而导致学不会说明没有达到熟能生巧，处于学习的第一种境界，对于这种情况可以采取的措施就是不断花时间去学习，并从反馈中得到进步的动力。基础差而学不会说明有意识无能力，就是自己知道自己有一部分知识不够，已经有了很大的进步，下一步具体的行动就是要把自己不懂的地方学会，从而进化到有意识有能力，不断提升自己学习的境界。

第三招：任何的理念都只有化成具体的行动才可能起作用。那究竟有什么样的具体行动呢？最起码应做到：上课认真听讲，认真做笔记，按时按质完成老师布置的作业。这不是一句空话及口号，而是培养自己责任心的重要环节。此外，结合自己的学习特点，要有计划、有系统地阅读课外专业书，学会创造性地学习，提出自己的观点和主张，学会撰写论文，甚至在高年级形成一定的研究方向。

三、适应高职新人际

人作为社会动物，基本需要之一是归属需要，即个人必须生活在集体之中，被集体接受和承认，离开了集体的个体是无法进步的。良好和谐的人际关系是高职生提高学习效率、完善自我意识、促进心理健康的需要，因此，高职生应学会与人交往。

案例三：帮了朋友反被怨

小红的好朋友小崔总是向小红说小魏这人怎么怎么不好，怎么怎么惹她烦……小红也认识小魏，对她的印象也不太好，觉得她好在人背后谈论是非。事情就这样发生了，小红听见小崔和小魏在一起聊天，刚好说的内容又是小红很反感的话题，小红就把小魏损了一顿，两人大吵了一架……小红内心觉得很自豪，认为自己是对的，一则替小崔出了口气，二则也觉得两人都不喜欢小魏我才损小魏的。小红认为小崔应该高兴才对。然而令小红没想到的是：小崔竟然不劝自己别生气，反而一直在劝小魏别生气。过了几天，小红又看到小崔和小魏一起出去，有说有笑的，不禁问自己："我这是怎么了？小崔怎么可以这样做事，她太虚伪了，是她一直跟我说小魏不好，现在好像我是挑事的。"所以小红内心不平又把小崔损了一通，结果自己成了孤家寡人。

类似小红的个案在高职学生中并不少见，因为生活中的琐碎小事而引发矛盾纠纷的事例时有发生，那么对于这些情况该如何处理，如何建立和谐的人际关系呢？请看专家支招。

第一招：学会沟通。即在与人交谈时，要善于倾听别人的讲话，同时要反馈自己听到的，以求对方确认自己的理解是否正确。倾听本身就等于告诉对方：你是一个值得尊敬的人，是一个值得我倾听你讲话的人。这种对他人的尊重，无形中就会满足对方自尊心的需求，赢得对方的好感，加深彼此的感情。同时通过倾听，自己才能够更多地理解对方。在倾听的过程中要注意几点：听到的内容须作些澄清，不要把自己的观点误以为是对方的观点，我们知道经历不同的人对事情的理解和看法都是不一样的，不要简单以为对方说另外一个人不好就是那个人真的不好，或许背后有其他的意义。简单地说就是每个人的参考系统都是不一样的，要理解一个人的独特性，这样在交往过程中就不会把自己的意见强加在朋友的头上。比如有同学说："我很穷了，你借我点钱可以吗？"你听到这句话会如何反应？平时交情不错，借就借吧。自己就省吃俭用借给朋友了。结果朋友用钱干什么去了？去通宵网游了。同学的"穷"是指没钱上网了，或许你认为是没钱打饭了。所以要倾听，更要善于倾听，也要学会反馈。案例中的小红没有仔细弄清楚情况就急于作出决定，结果这个决定让自己处于尴尬之地，这是我们在人际交往中所要避免的。

第二招：学会合作。合作能力是现代职场中不可缺少的能力。那如何才能学习到合作的技巧呢？答案是没有秘诀，只有在不断与人交往中锻炼自己的能力，提高自己对他人、他人对自己的信任程度，从而使大家乐于与你交往、与你共事、与你合作。在交往中应坚持真诚待人、宽容待人、平等待人的原则，并适当掌握人际交往的技巧。心理学研究表明：人人都希望得到别人的赞扬同时害怕别人的指责。所以，交往中不要总是批评和指责别人，而应真诚地赞扬和欣赏别人。如果一定要批评人，也应先表扬后批评或者巧妙地暗示对方注意自己的错误。为此需要慢慢在生活中练习如何有效与人交往。这些我们在后面的沟通与交往一章中还会具体讲到。

第三招：把握交往的度。人际交往上的"度"是指保持良好人际关系所需要把握的方向、深度、广度等。俗话说：近朱者赤，近墨者黑。高职生交友一定要有原则，对于谁该深交、谁该浅交、谁该拒交，要做到心中有数。高职生交友的广度也应适当。圈子太窄，疏远了可交的益友，有碍正常交往；范围太大，必将分散自己的精力，影响学习。高职生的交往也要把握一定的深度，要知道我们现在在某种程度上还不是个独立的个体，做事情不光要对自己负责，还要对背后的家庭负责，所以交友一定要把握深度。

四、适应高职新使命

随着高等职业教育的蓬勃发展，越来越多的学生以全职或进修的方式选择了高等职业教育，是不是每个高职生都能够明确自己的方向，迈向人生新的台阶呢？请看下面的案例。

案例四：活在当下，幸福人生

镜头一：起的是比别人迟睡的是比别人早/学习的时间是比无聊的时间还要少/上课书是没有看多少闲话是说了不少/天天在思考我能做什么才好/漂亮女孩看了不少但没有一个肯跟我好/作业是天天潦草上课还是天天胡闹/有钱的日子才叫好天天下午没有课就往KTV跑/没有钱的日子真就不好上课短信发不了发呆还要想想中饭怎么解决了……这是一段摘自网上的打油诗《我的高职生活》。

镜头二：刚刚在服装表演大赛上取得优异成绩的小诚，一脸茫然地坐在辅导员的办公室："老师，我很喜欢服装表演这个专业，个人天资条件也非常优秀，因此无论是基础课、专业课的学习我都很认真，课上课下我都积极投入训练，有时训练完累得自己站都站不住，当时觉得很有成就感，尤其是每参加一次演出都让自己觉得很满足，可是过了不久，自己内心又觉得空荡荡的，我到底是怎么了？"

镜头三：开学两个多月了，专业基础课也开了一些了，其中素描课已经结束，今天要开始色彩课的学习了，可是小新再也不能继续坚持坐在教室里了。她径直来到辅导员的办公室："老师我要退学。我再也坚持不下去了，我本来对画画就没有什么兴趣。可是无奈，高二时因为家里发生了一些事情，成绩一落千丈，高三时在班主任的建议下，以为学画画可以走一条捷径，考上大学了就可以不再画画了。可是我现在考上了，还是成天要面对画画，我也想过了，父母挣钱挺不容易的，所以我一定要坚持把大专读下来，素描课，我忍着，忍着……高中的老师怎么可以骗我呢，说高考完就可以不再画了，为什么还要一直画，画也就画了吧，要画到什么时候为止呢？不负责任的高中老师……"

镜头四：小高是中专毕业后参加高考上来的高职生，虽然对现在的专业也不是非常喜欢，但平时表现很好，遵守学校纪律，按时到校，上课认真听讲，做好笔记，由于基础不太扎实，平时自己留意自己不懂的问题，及时向老师请教，课下的时间时常泡在图书馆中，对于学校组织的各种文化娱乐活动也积极参与，在班级担任了班干部，主动协助班主任做好班级工作，还报了自己喜欢的社团活动，每天生活得很充实。

四个镜头里的故事想必大家都很熟悉，而你选择了哪个镜头做为自己的生活模板呢？哪个镜头是你想做又做不到的呢？请专家来帮你支招。

第一招：生活有多种选择，没有对错，只是要为自己的选择承担责任。著名的存在主义大师罗洛·梅指出："自然界是无目的的，但人在困难处境中能通过有意识的选择创造有意义的人生。这种选择是主动的、自由的，因此人人都要对自己选择的道德价值负责……"我们在生命中时常会面临选择，也是由于诸多选择可能性的存在导致我们痛苦不堪。如果一时不慎，或者在他人帮助下我们选择错了，或者说是走了弯路，这些都提示我们去作出正确的选择，因此我们要用积极的心态去面对现实。事实上任何一个选择都会有利有弊，关键是我们在选择时考虑的因素是什么，具体到我们选择什么样的生活模式的关键在于我们如何感知、体验并完成自己的人生使命，通俗地讲就是我们认为什么是我们生命中最重要的东西，是我们愿意去为之付出时间、精力及代价的事情，能够找到人生使命的人是幸福的。同学们，你的人生使命是什么呢？

第二招：无论你的人生使命是什么，都需要立足于现实，从现实着手，在现实和人生使命之间架起可供通行的桥梁。镜头一中的主人公抱着及时行乐的目的，得过且过。镜头二的主人公只是把自己的目标定在下一刻的成功，只有不断的成功才能满足他的需要，也需要不断付出，直到疲惫不堪。镜头三的主人公只是活在过去的影子里，不知道自己现在要什么，不敢去想现在要什么，为此三个镜头里的主人公都有自己的苦恼。而镜头四的主人公能够认清现实，立足于现实，客观分析自己，拥有自己坚定的目标，一步一个脚印，做好当下的事情，为明天的幸福奠定坚实的基础，这就是如何在理想与现实之间选择恰当的位置架设通行的桥梁，为实现自己的人生使命，为实现人的最高理想——人的幸福而努力。

第三招：切实改进生活方式，实现人生目标。改进生活方式，要从日常生活做起，培养良好的生活习惯，提高生活自理能力。包括合理安排时间和使用金钱，科学安排好自己的衣食住行，坚持锻炼身体，调整心境等，使自己的生活既有规律又有新意，对待生活既安心知足又积极进取。对已形成的坏习惯要逐步戒除，尽量避开容易故态复萌的场合等，这需要巨大的勇气与毅力。

总之，同学们要重新审视自己的理想，客观分析自我，树立起新的符合自身能力的目标。新生要认识到考上大学只是自己人生旅途中一次暂时的胜利，今后的路还很长，只有尽快为自己找到新的人生目标，才能找到生活的方向和动力，生活才充实而有意义。

【建议参考资料】

1. 乔纳森·布朗. 自我［M］. 陈浩莺, 译. 北京：人民邮电出版社, 2004.

2. 泰勒·本-沙哈尔. 幸福的方法［M］. 汪冰, 刘骏杰, 译. 北京: 当代中国出版社, 2007.

3. 林崇德. 发展心理学［M］. 杭州: 浙江教育出版社, 2002.

4. 张守臣. 高师心理学教程［M］. 哈尔滨: 黑龙江人民出版社, 2007.

【问题与思考】

1. 写一份自我成长报告, 分析自己的自我构成。
2. 你认为高职生活可能遇到的困扰有哪些? 应如何应对?
3. 作为一个高职生, 你的人生使命是什么?
4. 谈谈你对适应的理解与看法。

第三章　学习与创新

【本章提要】

　　学习有广义和狭义之分，学习是一种特殊的认识或认知活动。学习是高职生在求学期间的主要任务，与中学时代相比，高职的学习有自身的特点，表现在知识范围扩大、专业性增强、学习内容层次高、学习的自主性增强、学习途径的多样性、学习具有探索性与创新性。技能学习是高职生的重要任务，技能学习中要注意高原现象。在科学技术迅猛发展的今天，学会学习和终身学习是现代人要面临的两大人生课题。学习与心理健康之间也相互影响，学习成绩不良经常会影响到高职生的心理健康，提高学习成绩会对心理健康起到促进作用。高职生常见的学习困扰主要表现在以下几个方面：学习动力不足、学习方法不适当、学习效率不高、注意力难以集中等。本章对这些问题都进行了分析，提供了一些参考意见，以帮助高职同学提高学习能力，获得良好的学习效果，从而促进自身的心理健康水平。创新在现代竞争激烈的社会中尤为重要，在校期间我们高职同学要有意识地培育创新意识，同时注意提升创新能力，使自己成为一名创新人才，使自己在竞争中立于不败之地，为国家的富强、民族的振兴作出自己的努力，实现自身的价值。本章介绍了创新精神培养和创新能力提升的途径与方法。

【学习重点】

1. 掌握学习的内涵。
2. 了解高职学习的特点。
3. 了解终身学习的重要性及意义。
4. 了解技能学习的特点。
5. 了解影响高职生学习效果的主要原因。
6. 掌握创新精神培养和创新能力提升的方法。

【重要术语】

　　学习　学习方法　学习策略　终身学习　技能学习　创新　创新精神　创新能力

第一节　高职生的学习特点及规律

一、学习的含义

对于"学习"一词，大家并不陌生，但其具体含义是什么？不同的人回答不尽相同。不少心理学家和教育家都提出了自己对"学习"的认识。一般来说，学习有广义和狭义之分。

广义的学习是指动物和人的经验的获得及行为变化的过程，也就是说，学习是凭借经验产生的比较持久的行为变化。广义的学习是在生活中进行的。人自从降生后，就能建立条件反射，不断强化一些行为，或者改变已有的行为形成新的行为。人们在一生的生活和实践中也在不断地积累经验知识，增强文化文明，改变思想行为。换句话说，人类的学习是获取经验、知识、文化的手段，知识的传承、文化的传承和自身的发展都要依靠学习。

狭义的学习是指在学校中所进行的，学生在教师的指导下有目的、有计划、系统地掌握知识技能和行为规范的活动，这是一种社会义务。一般认为，学生的学习过程是一种认识或认知过程，学生在学习过程中认识世界、丰富自己、发展自己，并引起其德、智、体、美、劳诸方面结构的变革。

对学习的理解应主要抓住三方面：

1. 个体身上必须产生某种变化，我们才能作出学习已经发生的推论。也就是说，仅有练习的过程不一定产生学习，例如：我们从不会骑自行车到学会骑自行车，这里有学习，以后重复骑车的活动就不能称之为学习。

2. 这种变化是能相对持久保持的，例如个体由于疲劳、创伤、药物、适应等引起的行为变化都比较短暂，就不能称之为学习。

3. 个体的变化是由他与环境的相互作用而产生的，是后天习得的，排除因成熟或先天反应倾向所导致的变化。如同学因生理的不断发育成熟，到了青春期，女孩的喉部变得狭小，声带较短、较薄、振动频率高，所以音调较高而细；男孩子的喉腔较大，声带较宽、较厚，所以音调较低而粗，声音雄浑。这种声音的变化就不能称之为学习。

本书所讨论的学习主要是狭义的学习，是指学生的在校学习，同时强调终身学习的问题。

二、学习是一种特殊的认识或认知活动

如前所述，我们学生的学习属于狭义的学习。这种学习是一种特殊的认识或认知活动，所谓特殊的认识或认知活动主要是相对于人类一般的认识活动而言的，它有自己的特点。

(一)在学习过程中,学生的认识或认知活动要越过直接经验的阶段

在学习中,我们学生以学习间接经验的知识为主,也就是说,我们所接受的内容,往往不受时间空间的限制,越过直接经验这一阶段,较为迅速而直接地把从人类极为丰富的知识宝库中提炼出来的最基本的东西学到手。所以,在同学们的学习过程中,可能有的同学觉得老师讲授的知识与自己的生活实际有些距离,主观上对学习内容失去兴趣,从而对学习活动本身失去兴趣,这应该注意避免。

(二)学习是一种在教师指导下的认识或认知活动

教与学是一种双边活动,教是为了学,学则需要教,教与学互为条件,互相依存,失去了任何一方,教学活动就失去了存在的意义。学生的学习离不开教师的教,教师的教主要是一个传授知识的过程,是把人类社会长期积累起来的知识,根据社会的需要传授给学生。学生的学习需要教师的指导,这是学习过程与人类一般认识过程的一个显著区别。西方国家往往强调"学习指导"(learning guide),即教师为完成一定的教学目的和任务,以教材和教具为媒介所进行的各种活动,包括学习内容的安排和呈示,学习方法的指点,学习效果的检查评定及其反馈等。在日常的学习中,有的同学觉得有些内容比较简单,进而认为整本教材都很简单,自己看书就能掌握,完全靠自学就可以了。这种做法看似发挥了自己的主观能动性,但是,没有老师的指导,大多数学生的学习不得要领,眉毛胡子一把抓,结果往往很不理想。

(三)学习过程是一种运用学习策略的活动

在学校里,学生最重要的学习是学会学习;最有效的知识是自我控制的知识。学会学习就是要掌握一定的学习策略。

所谓学习策略,主要是指在学习活动中,为实现一定的学习目标而学会学习的规则、方法和技巧;它是一种在学习活动中思考问题的操作过程;它是认识(或认知)策略在学生学习中的一种表现形式。关于学习策略的具体问题,我们在后面的部分还要详细介绍。

(四)学习动机是学习或认知活动的动力

学习策略要由学习动机来支配。所谓学习动机,主要指学生学习活动的推动力,又称学习动力。在学习过程中,影响学习效果的因素有两个方面:智力因素和非智力因素。在我们的同学中,大家的智力水平相差不是很大,影响学习的主要是非智力因素。学习动机是非智力因素的重要组成部分,它对学习效果影响比较大。

我国心理学工作者研究发现:学生的"会学"水平取决于"爱学"的程度。这也是学生学习的特点。

（五）学习过程是获得知识经验、形成技能技巧、发展智力能力、提高思想品德水平的过程

学习过程是学生学习人类已经概括和总结出来的各种知识，学习已由实践检验过的真理。通过这种学习，我们完成人类认识活动总过程所赋予学习过程的承上启下、承前启后的任务。完成了这个任务，我们自身也就成为了德才兼备的人才。

三、高职生学习的特点

与中学的学习相比，进入高职后的学习有了极大的变化，主要有以下特点。

（一）知识范围扩大

进入高职后，也就是进入知识浩瀚的海洋。除了一些基础知识外，还增加了很多专业技能知识以及人文社科知识，为以后进入社会工作奠定了基础。与高中阶段相比，同学会发现学习的课程比以前多了。

（二）专业性增强

高职的学习是一种以掌握专业知识和技能为特征的社会活动，学习主要是为了掌握某项专业技能，以更好地适应社会。同学在报考某个高职学院的时候，就选择了自己的专业，进校后，在某个具体的院系学习，要学习不少具体的专业课，不同的专业学习内容有很大的差别，这与中学阶段不分专业的学习有明显的不同。不同的专业其专业课程完全不同，彼此之间少有"共同语言"，如同过去所说的"隔行如隔山"。

（三）学习内容层次高

高职的学习内容层次较高，视野较宽，很多内容已经处于学科领域的前沿。有些内容在学术界可能还会存在不同的理论，没有标准答案，将这些有争议的内容和各家之说介绍给学生，有利于启发学生的思维，激发学生学习的积极性和创造性。这与中小学向学生传授已成定论的知识有很大的不同。

（四）学习的自主性增强

上了高职之后，学生的很多学习活动是凭借自己的力量独立完成的，想多学的同学会花费很多课余时间用来学习。这是因为高职生的课程安排较中学阶段松快，课余时间较多。高职的老师因为课堂时间有限，会提供一些参考书要求学生阅读，如果同学认真完成老师的作业，会花费不少时间自己学习；如果有的人没有将老师的任务放在心上，会将大量的时间浪费掉。作为高职生，会将自己的时间进行合理安排，提高学习的自主性，也是自身成长的表现。

（五）学习途径的多样性

进入高职后，同学的学习途径是多种多样的，课堂学习虽然仍是主要的学习

途径，但已不像中学时那样几乎是唯一的途径了。高职生的学习活动还需要在课堂之外和学校围墙之外进行。例如，同学们可以参加教师的各种科研课题，参加各种社团活动，参加学校举办的各种学术报告会；同学们还可以参观厂矿企业，深入社区街道和农村进行社会调查，开展咨询服务。以上这些都是很好的课外学习途径，而且大家可以从中学到很多学校里学不到的知识。

（六）学习具有探索性与创新性

高职的学习也已经具有一定的探索性，即对书本之外的新观点和新理论进行深入的钻研与探索。大学的学习不仅在于掌握知识，更在于探究知识的形成过程与科学的研究方法，了解学科发展的前沿、存在的问题及解决的思路。现在，随着教学改革的深入，高职院校普遍在课程设置、课程安排和课程的衔接上突出学生的主体地位，加强高职生实践环节的培养，旨在提高高职学生的创新能力。

四、高职生的技能学习

技能学习在高职生的学习内容中占有极重要的比重。教育部原先规定，技能实训所占学时不低于总学时的40%，随着人们对高职教育认识的深化，在高职院校的培养计划中，技能实训和理论学习的比例至少要达到1:1，教育部高教司发表的《中国高等职业教育年度报告（2010年）》称，随着示范高职院校将课堂搬到生产车间、田间地头、社会服务场所，实践教学学时占教学总学时的比例从40%—50%增加到60%—70%，学生有半年时间在企业顶岗实习。现在很多院校已经开始实行"理实一体化教学"，实际使得实践和理论比值超过了1:1。实践证明，高职生必须了解技能学习的一般规律，重视自身专业技能的培养，以适应社会的需求。

（一）技能学习的特点

技能学习是掌握动作要领，进行反复练习，逐步达到熟练的过程。这个过程是建立在练习中知觉和动作不断协调的基础上的。这个过程有以下几个阶段。

1. 认知阶段。学生根据老师的讲解和动作示范，了解与某一技能有关的知识、动作的要领和程序。

2. 联结阶段。在实际练习中，先把整套动作分解为许多单个的局部动作，然后在局部动作的基础上把整套动作的程序固定下来，并与知觉协调起来，形成连锁的反应系统。

3. 自动化阶段。此时全套动作连贯协调完善，得心应手，靠动觉控制动作。这时动作已有广泛的适应能力和概括能力，能在各种条件下灵活应变。

技能学习的阶段特点如表3-1所示。

表 3–1　技能学习的阶段特点

	认知阶段	联结阶段	自动化阶段
信号来源	视听知觉获得，观察示范讲解动作主要结构的外部信息	视觉与肌肉运动觉提供的内外信息的结合	神经肌肉运动及各关节活动提供的内部信息
注意	注意范围小，不能分配与转移，指向集中于动作的主要特征或方面	注意范围扩大，分配和转移能力增强，指向集中在完成动作的薄弱环节	从完成动作的过程中解放出来，指向集中在完成整个任务的其他重要方面
记忆与思维	动作的主要结构、特征和个别单一的动作	将局部的、单一的动作联合成整体的动作系统	动作的整体性、系统性与创造性
感知觉与表象	视听知觉、运动知觉及其留下的表象模糊不清、不准确	视听知觉、运动知觉及其留下的表象逐渐清晰、准确	运动知觉精细分化，并形成专门化知觉，运动表象清晰、准确、完整
控制调节反馈	视觉表象控制与调节动作	视觉表象监督下的动觉表象占主导地位	动觉表象控制与调节动作

（二）技能学习的基本原理

技能的练习过程呈现出如下的一般趋势。

1. 练习进步的先快后慢

造成这种现象的原因可能是练习初期，练习者可以利用过去经验中的一些方式方法，所以进步较快；也可能是练习初期常常把较为复杂的完整动作分解为较简单的局部动作练习，这就比较容易掌握；另外，也可能由于练习者在练习初期兴趣较高，情绪饱满，自我的投入较多，所以对技能的掌握较快，而练习一段时间后，对练习本身产生了枯燥感，影响了练习的动机和情绪，造成了练习成绩提高速度减慢。

2. 练习中可能出现"高原现象"

练习的进步出现了暂时停顿，经过一段时间又继续进步的现象叫做"高原现象"。高原现象的出现，可能有以下几方面原因：

其一，由于技能的提高需要改变旧的动作结构和完成动作的方式方法，建立新的动作结构或技术风格，练习者在没有完成并适应这一改造之前，技能的进步就出现了暂时停顿甚至有所下降的情况。

其二，有些技能的提高取决于身体素质的提高。

其三，练习者的兴趣降低，动机减弱，情绪低落，也会使运动技能的发展出现停滞。

其四，"高原现象"可能在复杂技能中出现，而不易在简单技能中发生。

出现了"高原现象"是很正常的，此时应注意树立信心，积极进取，不要因此而过度焦虑，要相信自己的实力和能力。同时注意改变固定的技能学习模式，达到多样化。另外，要多与实习指导教师交流，得到老师的关心帮助。只要坚持练习，个人的技能水平肯定能够再次实现"飞跃"。

五、学习是一种信仰

人生过程说长也长，说短也短，活过百岁的人毕竟还是少数。在百年人生中，我们每个人实际上都在不断经历着广义的学习过程。社会在不断发展变化，生活中我们在积极适应社会的这种变化，在积极适应过程中，我们每个个体都学习了很多新的知识，获取了更多新的经验。如果没有学习，个体则会被社会所淘汰。俄罗斯的研究人员发现，大多数动物不会重复运用其具有闪光点的"发明"，这是其进化水平落后于人类的主要原因之一。"不会学习"使动物的进化不如人类。

20世纪90年代，国企改革导致一大批工人下岗。有的人下岗后通过学习，比较快地掌握了新的知识技能，从而找到了新的工作，较快适应了新岗位的要求，甚至比原来的工作干得还出色；也有少数人下岗后失业了，他们不愿学习新的知识技能，而自己原来的那点本领早已不被社会认可，他们长期无所事事，本来应该是家庭的顶梁柱，反而成了家庭的包袱。他们中有的人搬出古人的话——"人过四十不学艺"，认为自己年龄这么大了，再去学习有点丢人。这种观念在封建社会生产力落后的情况下可能行得通，但是在现代社会是行不通的。那种认为只有青少年学生才需要学习的观念早已过时了。

终身学习作为一种崭新的教育思想，是终身教育思想的延伸和发展。终身学习，讲的是人一生都要学习。从幼年、少年、青年、中年直至老年，学习将伴随人的整个生活历程并影响人一生的发展。这是不断发展变化的客观世界对人们提出的要求。人类从诞生之日起，学习就成为一项基本的活动。不学习，一个人就无法认识和改造自然，无法认识和适应社会；不学习，人类就不可能有今天取得的一切进步。学习的作用又不仅仅局限于对某些知识和技能的掌握，学习还使人聪慧文明，使人高尚完美，使人全面发展。正是基于这样的认识，人们始终把学习当做一个永恒的主题，反复强调学习的重要意义，不断探索学习的科学方法。同时，人们也越来越认识到，实践无止境，学习也无止境。

从古至今人们始终重视终身学习这个问题。古人云："吾生而有涯，而知也无涯。"我国古代伟大的思想家、教育家孔子更是身体力行地实践和倡导终身学习的楷模，他提出"十有五而志于学，三十而立，四十而不惑，五十而知天命，六十而耳顺，七十而从心所欲，不逾矩"，这其间贯穿始终的便是坚持不懈的学习。只有终身坚持不断地学习和接受知识，人们才能不断完善自己、发展自己，才能达到"从心所欲，不逾矩"的境界。在日本，古代亦有"修业一生"的观念。

如上所述，终身学习的理念早已存在，但是，终身学习作为一种公共的、面向广大民众的社会活动，则始于第一次世界大战后英国的成人教育。1919 年，英国教育部重建成人教育委员会。在其成人教育报告书中，充分肯定了劳工教育协会的成绩，特别强调了成人教育是培养一般国民素质永远不可忽视的重要措施，发展成人教育是一种普遍的需要；国家需要成人教育，成人教育与公民教育是不可分离的；成人教育不仅应该是普遍的，而且应该是终身的。该报告特别提出，教育是终身的历程。这种前瞻性的教育理念，引导了教育的发展方向，为终身学习（教育）思想的倡导奠定了良好的基础。

20 世纪 70 年代以后，终身学习和终身教育的思想日益受到世界各国的重视并获得了蓬勃的发展，成为世界各国指导和构架其教育改革和发展的主导思想。1972 年，联合国教科文组织国际教育发展委员会在其编著的《学会生存》一书中，建议"将终身教育作为发达国家和发展中国家今后若干年内制定教育政策的主导思想"，认为"只有全面的终身教育才能够培养完善的人，而这种需要正随着使个人分裂的日益严重的紧张状态而逐渐增加"。至 70 年代末，终身学习和终身教育的思想广为世人所接受，这是各国对终身学习和终身教育理念积极倡导的结果。

美国继 1976 年颁布《终身学习法》并确立了终身学习的法律地位以后，1994 年又签署了《目标 2000：美国教育法案》，在第五项中特别强调并鼓励终身学习机会的提供。日本于 1988 年将"社会教育局"更名为"终身学习局"，并发表白皮书《日本文教政策：终身学习最新发展》；1990 年又颁布了《终身学习振兴法》，开始在日本各都市县境设立终身学习中心。韩国亦于 20 世纪 80 年代初将终身教育写进了宪法。法国在 1989 年的《关于教育指导法的附加报告草案》里明确指出："终身教育是学校、大学及其工作人员的一项使命。"秘鲁于 1972 年颁布了《总教育法》，规定以终身教育原则全面改革其教育体系。

在我国，自 20 世纪 80 年代引进了终身教育的理念后，终身教育、终身学习的思想便被迅速接受并应用到教育实践中去，积极地推进了我国教育体制的改革和发展。1995 年 7 月通过的《中华人民共和国教育法》规定："建立和完善终身教育体系"，"为公民接受终身教育创造条件"，"国家鼓励发展多种形式的成人教育，使公民接受多种形式的政治、经济、文化、科学技术业务教育和终身教育"。这是我国第一次用法律的形式确立终身教育在我国教育事业中的地位和作用。1999 年 1 月 13 日国务院批转的教育部 1998 年 12 月 24 日制定的《面向 21 世纪教育振兴行动计划》中，对构建我国的终身学习体系作出了系统而又深刻的阐述。随着《面向 21 世纪教育振兴行动计划》的贯彻落实，我国的终身学习体系和学习社会建设必将逐步完善和不断发展。

当今时代，世界在飞速变化，新情况、新问题层出不穷，知识更新的速度大大加快。人们要适应不断发展变化的客观世界，就必须把学习从单纯的求知变为生活的方式，努力做到毛泽东同志所提出的"活到老，学到老"。我们现在正在建设"学习型社会"，即是要求社会的全体成员在日常的工作、生活中不断加强学习，紧跟时代的步伐，保持一种积极进取的精神。

高职生不仅在校期间要认真学习，毕业以后，参加工作了，同样要继续保持学习的积极性，不间断地给自己充电，千万不能认为自己已经学有所成，已经足够了，那样会使自己在激烈的竞争中被淘汰。

所以说，现代社会，学习应该成为社会成员的追求，成为生活中必不可少的活动，成为一种信仰。学习是人类认识自然和社会、不断完善和发展自我的必由之路。无论一个人、一个团体，还是一个民族、一个社会，只有不断学习，才能获得新知，增长才干，跟上时代的步伐。

第二节　高职生学习能力的培养

一、高职学习对心理健康的影响

（一）高职学习对心理健康的积极影响

1. 学习能够开发学生的智力和潜能。人们常说"刀越磨越快，脑子越用越活"，这句话很有道理。每个人都有与生俱来的智力和潜能，这些智能只有通过学习才能得到开发和利用。同样，学生的观察力、注意力、记忆力、思维能力、想象力等只有在实际学习过程中，才能得到开发、利用和提高。如果不学习，先天素质再好的学生，其智能也得不到开发和利用。

2. 学习能够提高学生的各种实际能力。能力是人顺利完成某种活动所必须具有的心理特征，它总是在一定的活动中表现出来，并且在活动中获得和加强。随着社会的发展，社会对高职生的能力要求将越来越高，总体来说，这些能力包括自学能力、操作能力、创造能力、表达能力、管理能力等，而这些能力都是通过学习活动而提高的。因此，高职生要具备社会需要的各种能力，就必须加强学习。只有通过学习，其能力才能不断提高。

3. 学习能够促进正向情绪情感的产生。一个善于学习、乐于工作的人，能够从学习或工作中找到幸福和快乐。高职生通过努力学习，完成一项学习任务或取得一定的成绩后，就会感到成功的喜悦和快乐。同时也会发现，一分耕耘，一分收获，能够真正体会到自己的价值和自尊。另外，如果遇到不如意的事情，学生若能专注于学习，就会冲淡或忘掉烦恼。以学习为乐、从学习中体会到快乐，可以调节学生的情绪情感，促进正向积极情绪情感的产生，提高高职生的心理健康水平。

4. 学习能够促进自我意识的发展。"学然后知不足"，只有多学习，才能提高自身的理论水平，从而提高认识问题和分析问题的能力，掌握科学的认知方法，这样使自己更能够发现自身的不足，才能正确认识和评价自己和他人，才能不断地根据社会的需要进行自我调节，以便更好地适应社会。

心理健康是一个循序渐进的过程，它需要不断地学习和实践，在这一过程中，通过学习掌握必要的心理学知识和理论，无疑对提高学生的心理发展水平起到直接的促进作用。

（二）高职学习对心理健康可能产生的消极影响

高职学习是一项艰苦的脑力劳动，它对心理健康带来积极影响的同时，也可能带来消极影响。

1. 可能会由于学习负担过重，给学生带来一定的心理压力，造成高度紧张，出现学习焦虑。尤其对那些学习基础不是很好，但有很强的进取心的同学来说，容易产生学习焦虑。此时，学生应注意调整自己的目标，将自己的总目标分成若干分目标，一步一个台阶地走。应注意劳逸结合，不能过度疲劳，否则就会对自己的身心健康造成危害。

2. 有的学生学习不得法，在学习过程中没有体验到学习的快乐，反而体验到更多的失败，尤其是有的同学花在学习上的时间非常多，但学习成绩却非常糟糕，这会对当事人造成极大的打击，令其"很受伤"，会使学生出现自卑的心态，最终导致学生对学习的放弃，使其心理产生很强的挫折感。

3. 从学习内容角度看，由于高职的学习具有一定的自主性，学生的学习并不是完全在老师的指导之下，若学习的内容非常难，他们可能就会对以后的学习产生畏难情绪；学习内容太容易，也会使有的人产生浮躁的心态。另外，由于辨别能力不强，那些不健康甚至有害的内容也学习了，就会造成对学生心理的污染。

二、影响高职生学习效果的原因

影响高职生学习效果的原因有很多，也因人而异，总体而言，高职生常见的学习困扰主要表现在以下几个方面：学习动力不足、学习方法不适当、学习效率不高、注意力难以集中。

（一）学习动力不足

一部分高职生学习动力不足，主要原因是学习动机缺乏。学习动机缺乏是指学习上没有明确的目标和方向，学习没有压力和动力，对学习没有兴趣，也就是有的学生经常说的"学习没劲"。主要表现在以下几个方面。

1. 没有明确的学习目标和计划。在学习上既不作长远规划，也不作近期安排，对学什么内容、如何合理地安排时间不作计划，对学习采取应付的态度。

2. 尽力逃避学习。不愿学习，上课无精打采，不愿听讲、不愿看书，课后不复习、不做作业，好像学习是别人的事，与己无关，敷衍了事。

3. 注意力易分散。这样的同学，他们的兴趣容易转移，学习比较肤浅，没有能够静下来、沉下去、潜心学习钻研，满足于一知半解。

4. 缺乏成就感。由于缺乏学习的自信心，在此问题上也不能够有自尊心，无理想和抱负，没有求知欲和上进心。所以，必然不可能从学习中获得成就感。

5. 对学习有厌倦情绪。把学习看成是苦差事，对学习冷漠、畏缩，常感厌烦，对学校生活感到无聊。

（二）学习方法不适当

有一些同学没有考出好成绩，并不是其学习不够努力，主要原因是没有好的学习方法。

有一位叫小丽的高职女生，总觉得老天对自己不公平。她在班级中非常听话，每天按时上课，无论天气怎样，从不迟到旷课；上课时，有的同学经常玩手机、睡觉，她始终没有过这样的违纪行为。除了吃饭、睡觉以外，小丽几乎把所有的时间都用在学习上了。同宿舍的小芳与自己很不一样，每天花在学习上的时间比自己少得多，作为学生会文体部的副部长，她喜欢运动，经常和男同学一起打球，平时还看一些闲书、听音乐。上课时，小芳也不像自己那样专心听讲。可是已经过去的大一两学期的考试成绩，小芳各科成绩总是高出自己不少，她的体育成绩好，没有什么想不通的，可是英语和政治等课程，她的成绩也比自己高出许多，小丽心里实在想不通，也不平衡：自己学习比她用功，花了比她多得多的时间，为什么却考不过她？

出现小丽这样的情况，重要的原因就是学习方法不适当。同样都是在课堂上听讲，有的同学只是在听老师讲，没有思考，没有注意将老师讲的知识内容融入自己的知识体系中，听完就完了。上大学很重要的一种能力就是学会记笔记，有的同学不注意记笔记，也不会记笔记，所以听讲的效果大打折扣。另外也有的人复习、考试时抓不住重点，该复习的没有复习到，或者是复习得不到位，对知识和理论没有深入理解、没有记牢；考试时，不会审题，不会答题，该回答的知识点没有答，写了很多与答案无关的话。小丽考试成绩不高，以上的问题都可能与之有关。

（三）学习效率不高

学习效率不高的问题在不少同学身上出现过，小丽同学也有可能如此，主要原因是忽视了科学用脑，不注意用脑卫生，大脑得不到充分的休息，从而影响大脑活动的兴奋性。

脑是人的高级神经中枢，是思维的器官。脑神经活动的规律是抑制—兴奋—抑制，这样的往复循环。大脑的功能是分区的，不同的部位分管不同的功能。所以科学用脑要注意以下几个方面。

1. 劳逸结合。脑的活动应该是有张有弛，不能总让大脑处于兴奋的状态。总让脑神经处于兴奋状态，就会造成过度疲劳，造成以后的神经兴奋性下降，唤起难度大，即使能兴奋，但水平也低。

2. 保证睡眠。充足的睡眠可以使大脑神经细胞得到休息，消除疲劳，恢复脑力。当然也要注意，不能过度睡眠，睡得太多也会降低脑神经的兴奋性。另外，要注意保证睡眠的质量，睡得较浅，尤其是醒来后记住做了好多梦的睡眠，也不利于大脑消除疲劳。

3. 参加活动。积极地参加体育锻炼和文娱活动，对大脑来说也是一种有效的休息，能调节大脑继续有效地工作。在我们学习的过程中都有"课间十分钟"这样的安排，其主要原因也在于此。

4. 注意营养。为了保证大脑正常工作，应注意脑的代谢，要增加对脑细胞的能量补充。要多摄入一些富含蛋白质的食物，如豆制品、蛋、奶、鱼、瘦肉等。

（四）注意力难以集中

日常的学习中，我们都有注意力不集中的体验，如上课的时候东张西望；坐在课堂上是在"听"，可是不能重复或回忆所讲的内容，没有听进去老师所说的话；看了几页书，却不知道书上说什么；等等。这些都是注意力不集中的表现，也就是俗话所说的"走神儿"。导致注意力不集中或难以集中的原因有以下几个方面。

1. 自控能力不足。也许有的人认为注意力不集中是没有兴趣的原因所致，事实上，我们要做的很多事情，都不是也很难是完全凭我们的兴趣和爱好，而必须在理智的控制和推动下完成。比如，有时我们一个晚上可以读完一本感兴趣的小说，可是一学期却看不完一本对自己有帮助的专业书籍。因为对前者有兴趣，而对后者很难形成兴趣。因此，在类似情形下，必须给自己一个约束，如在一定时间之内必须通读这本书；并强行使自己的注意力集中，时时提醒自己完成任务。如自己有事做得不够好，可以给自己适当的"惩罚"，以帮助自己战胜自己。在这样的自控能力和目标的支配下，我们预定的读书任务才能完成。

2. 外界环境的干扰。不规则的响声、刺耳的噪音、嘈杂的人声等，这些外界干扰在我们日常的生活和学习过程中经常出现，而我们对此无能为力。我们的注意力往往因烦躁情绪而无法集中。在这种情形下，我们只能换一个安静的合适的环境，或者用坚强的意志与外界干扰相抗衡，努力使自己进入一个两耳不闻窗外事、闹中取静的超然意境。

3. 自身的主客观条件。人在生病或者非常疲倦的情况下，注意力常常处于分散状态，很难集中。此时，休息是第一重要的事情。情绪波动也时常导致注意力的分散。如刚和别人吵了一架，满肚子气，这时是无法集中注意力去做其他事情的。这种情况下，就要设法转移注意力，通常先逐渐抑制自己的激动情绪，使之趋于平静，然后再集中注意力去干自己该干的事情。

4. 不注意用脑卫生。长时间地集中注意力，超过了一定的限度，会使大脑疲倦。因此要注意调节用脑时间，使大脑得到充分的休息，这样才能集中注意力去学习。

三、掌握科学的学习方法，提高学习能力

有句俗话：磨刀不误砍柴工。对学习而言也是如此。《学习的革命》一书中提出，怎样学习比我们学习什么更为重要。科学的学习方法可以提高我们的学习效率，可以起到事半功倍的效果，从而为我们节省出许多时间，留给自己用于锻炼身体、娱乐或休息。怎样才能找到适合自己的、科学的学习方法呢？

（一）了解自己所擅长的学习类型

根据心理学家的研究：每个人都有一两种特别擅长或偏爱的学习类型。如有些人喜欢通过图片或图表学习；有些人喜欢通过听讲学习；有些人喜欢通过身体或动作的实际操练学习；有些人擅长通过读书轻而易举地学会东西；有些人擅长通过与他人的交往来学习。如果我们能在学习时做到扬长避短，善于采用自己最擅长的学习类型来学习的话，那么就会极大提高自己的学习效率。

（二）掌握科学的学习方法，提高学习效率

法国思想家和教育家卢梭曾提出：形成一种独立的学习方法，要比获得知识更为重要。因此，如果我们能够采用科学合理的学习方法，那么一定会取得较好的学习效果。

1. 做好时间管理

时间是最宝贵的资源，它的供给量有限，而且不能储存。要想提高学习效率，就必须要掌握时间管理的技术，可以说：学会管理时间就是学会管理人生。

怎样做好时间管理呢？同学们不妨随身携带一个笔记本或者备忘录，每天早晨花5—10分钟的时间做计划，把当天要做的事情写下来，并按照事情的重要性和紧迫性排序，优先去做重要或紧急的事情，这样就不至于把重要的事情给遗忘掉。当然对于在校的高职生而言，一般情况下，学习是自己的本职工作，应以学习为主。

在中学时，同学们就应该听说过"生物钟"，高职同学也应注意使自己的学习、生活有规律，最好每天有固定的学习时间。每天在这个时间段的任务就是学习，这样，时间久了，同学每天到了这个时间，就很容易进入学习状态，注意力容易集中，学习效率也会提高。在每天计划的安排上，应注意将自己精力最好的时间段安排给学习，而把精力不太好的时间段安排给其他的事情。这样安排才不至于本末倒置，才能完成好本职工作。

每天晚上在休息之前，查看一下记事本，看看当天计划完成的情况。如果有些事情没有完成好，注意反思一下原因，是自己的主观原因还是客观原因，如果是自己的主观原因，在以后做事的过程中，就应加强自我管理。如果计划中的事情没有做，要检查是否是计划的事情太多，以后再订计划时要尽量使计划切合实际。这样，以后的计划就更具有实际意义了。

2. 及时复习

《论语》有云："温故而知新。"人们在学习知识或掌握技能时，往往不可能一次就学会或掌握，常常需要经过多次的练习和复习才能逐渐地掌握。如学习一系列数学公式，仅练习一次是不能长久保持的，人们需要在多次练习的基础上，逐渐理解公式的内部结构，才能正确地运用。如背诵一首诗词，当时诵读几遍以后就能背诵了。到第二天，有的记忆力好的不复习还能背诵，记忆力稍差的复习一遍也可以背诵了。如果不复习，一周之后、一个月之后，能背诵的人便越来越少了。所以，同学们在学习完新知识后，应注意及时地复习练习，以巩固所学知识。当然，复习也讲究方法，并不是对所学知识进行无限制的复习就好，无限制就没有效率，实际上是浪费时间。以背诗词或英语单词为例，第一天学习的，第二天复习一两遍，第三天可以不复习，第四天再复习，如记住了，再过三五天再复习，能记住了，再过十天半个月再复习，以后可以间隔更长的时间，不需要天天复习相同的知识。

3. 适当使用集中学习和分散学习

学习时，要注意学习的量，一次学习的量太大，会影响学习的效果，但每次学习的量过小又会影响学习的效率。同学们可以在学习中做这样的试验：任务是要求背诵50个英语单词，有两种方法。一种方法是集中一段时间学习，同时学习这50个单词，一直到全部背会为止；另外一种方法是将这50个单词分成五个单元，每个单元有10个单词，一次背10个，休息一段时间后，再背10个单词，如此类推，一直到五个单元全部背完。当然，在背后面部分的时候，应注意快速复习前面的内容。检查一下自己的记忆效果，哪种方法更好？

同学们会发现第二种方法学习起来更为轻松，更节省时间，记忆效果也不错。第一种方法是集中学习，第二种方法是分散学习。心理学的研究表明：分散学习的效果要好于集中学习。因此我们在学习中要注意多利用分散学习。当然，分散也要注意单元的信息量，如果每单元只有一两个单词，那效率就太低了。

另外，什么时候用集中学习，什么时候用分散学习，也应根据学习者和学习材料的情况而定。智能较高的学生往往喜欢采用集中学习；学习的材料若是赋予意义，并有连贯性，以用整体法为佳；而如果学习的材料篇幅长或较为复杂，则以分散学习为宜。

4. 多通道学习

人们通过视觉、听觉、嗅觉、触觉、味觉、运动觉等通道来接受信息。每个正常人的各种感官都是良好的，但是，在成长的过程中，一个人往往有某个感官发展得特别好，成为自己获得信息的主要通道，当然还有次要通道。根据心理学家对学生的学习过程所进行的调查研究发现：仅有30%的学生记得其在课堂中听到的75%的信息，40%的人记得75%他们看到的，而有近15%的人是运动视觉学习者，这样的学习者，需要通过实际的操作体验，才能尽心学习，通过参与体验，直接运用他们的生活经历来学习。

各种感觉通道并不是孤立地工作，它们之间既有相互抑制的竞争，也有合作，不同通道获取的信息都要传达到大脑，由大脑进行加工综合，从而使个体的人对事物形成整体的感觉。

另外，心理学家通过研究还发现，我们在学习时，一般可以记住自己阅读的10%，自己听到的20%，自己看到的30%，自己看到和听到的50%，交谈时自己所说的70%，这说明单一通道的学习效果较差，多种感觉通道共同的参与，能有效地增强记忆。因此，我们在学习时，如果能够灵活地利用这一规律，便可以大大地提高学习效率。例如我们在记外语单词时，边看、边读、边听、边写，做到眼到、嘴到、耳到、手到、心到，这样来学习，效率一定会提高。

5. 交叉学习，科学用脑

根据对脑的神经生理研究发现，大脑皮层具有机能定位的特点。人脑的不同部位掌管、控制人的不同活动。在学习过程中科学用脑主要是要交叉安排时间。一是学习和休息交叉进行，两个学习时段之间安排10分钟的肢体活动，每天最好要有一小时的体育锻炼时间；二是不同学科的学习、复习时间交叉安排，学习时间较长（90分钟以上）时应该安排两门课程间插复习，比如文科的学科和理科的学科按照文理交叉的形式安排，不要长时间持续学习或复习同一门课程；三是不同的学习形式交叉安排，比如解题、阅读、记忆等交替安排，不要长时间采取同一种学习形式。

（三）心理健康的学习者在学习方面的表现

1. 体现为学习的主体。心理健康的学生自己会主动学习，自己是学习的主人，不需要老师、父母的反复叮嘱，自己控制自己的学习行为。

2. 从学习中获得满足感。心理健康的学生能从学习中取得成就，获得快乐，产生满足感。

3. 从学习中增进体脑发展。心理健康的学生能够在不断的学习中在身体和心理方面得到发展，会使自己越来越聪明。

4. 在学习中保持与现实环境的接触。心理健康的学生在学习时，不是死学，将自己关在象牙塔内，死钻牛角尖，而是学得比较轻松，能够理论联系实际，不断将所学知识和现实社会联系起来，用它来认识社会、理解社会，从而使自己更好地融入社会。

5. 在学习中排除不必要的忧惧。心理健康的学习者在学习过程中能够排除不必要的焦虑、忧惧，相信自己能够应对学习过程中的困难，不害怕考试，将考试看成是检验自己学习效果的手段，是工具而不是目的，相信自己的付出肯定有回报。

6. 形成良好的学习习惯。心理健康的学习者会形成自己的学习习惯，知道自己该怎样去学习，注意学习的效率。

第三节　高职生创新能力的提升

学习与创新之间有着一定的内在联系。我们中国有句俗话：熟能生巧。熟练了就能产生巧办法，或找出窍门。只有不断地学习，掌握更多的知识，才能为创新打下基础，没有学习就没有创新。当然，不是有了学习就必然有创新，要创新需要培养创新意识，并在此基础上培养创新能力。

请看一则小故事：

1974年，美国政府因给自由女神像翻新制造出大堆废料，向社会招标处理。好几个月过去了，也没有人应标，因为在纽约，垃圾处理有严格规定，弄不好会受到环保组织起诉。

一名犹太人正在法国旅行。听到这个消息，他立即终止休假，飞往纽约。看过自由女神像下堆积如山的铜块、螺丝和木料后，他当即与政府部门签下了协议。消息传开后，他的许多同行认为这一举动实乃愚蠢至极，因为废料回收吃力不讨好，能回收的资源也实在有限。

当别人都在等着看笑话的时候，这个犹太人已开始组织工人对废料进行分类。他让人把废铜熔化，铸成小自由女神像，旧木料则加工成底座，废铜、废铝的边角料则做成纽约广场的钥匙。他甚至把自由女神像上扫下的灰尘都包装起来，出售给花店。

结果可想而知，这些废铜、边角料、灰尘都以高出它们原来价值数倍乃至数十倍的价钱卖出，且供不应求。不到三个月的时间，这堆废料变成了350万美金，每磅铜的价格整整翻了1万倍。

更多的人是常人，缺乏创新意识，在他们眼里，废料就是废料，没有什么用途，但在这名犹太人的眼里它们是被掺和到一块的各种"宝贝"，将它们分开了，其"宝贝"的面貌就显现出来了。

一、创新、创新精神、创新能力

（一）创新的含义

《现代汉语词典》（第5版）对"创新"的定义："抛开旧的，创造新的。"

简单地说就是利用已存在的自然资源或社会要素创造新的资源或社会要素的人类行为,或者可以认为是对旧有的一切所进行的替代、覆盖。

创新是人类对于其实践范畴的扩展性发现和创造的结果,创新在人类历史上首先表现为个人行为,近代实验科学发展起来后,创新在不同领域就不断成为一种集体性行为。但个人的独立实践对于前沿科学的发现及创新依然起到引领作用。创新的社会化形成整体的社会生产力进步。

近代以来人类文明进步所取得的丰硕成果,主要得益于科学发现、技术创新和工程技术的不断进步,得益于科学技术应用于生产实践中形成的先进生产力,得益于近代启蒙运动所带来的人们思想观念的巨大解放。可以这样说,人类社会从低级到高级、从简单到复杂、从原始到现代的进化历程,就是一个不断创新的过程。不同民族发展的速度有快有慢,发展的阶段有先有后,发展的水平有高有低,究其原因,民族创新能力的大小是一个主要因素。所以江泽民同志总结说:"创新是一个民族进步的灵魂,是一个国家兴旺发达的不竭动力,也是一个政党永葆生机的源泉。"

纵观当今中外成功的企业,几乎无一不是以"创新"作为自己的旗帜,作为自身发展的动力。无论是微软、通用、飞利浦、西门子、丰田、索尼等世界经济巨子,还是海尔、长虹、联想、春兰、美菱等国内优势企业,在他们辉煌的经营业绩中,无不闪烁着创新的光芒,无不揭示着"创新是企业的生命之源,是企业提高市场竞争力的最根本、最有效的手段"这样的真谛。

创新不容易。第一,创新意味着改变,所谓推陈出新、气象万新、焕然一新,无不在诉说着一个"变"字;第二,创新意味着付出,因为惯性作用,没有外力是不可能有改变的,这个外力就是创新者的付出;第三,创新意味着风险,从来都说一分耕耘一分收获,而创新的付出却可能收获一份失败的回报。创新确实不容易,所以总是在创新前面加上"积极"、"勇于"、"大胆"之类的形容词。

(二) 创新精神

创新精神是一种勇于抛弃旧思想、旧事物,创立新思想、新事物的精神。创新精神是一个国家和民族发展的不竭动力,也是一个现代人应该具备的素质。创新精神属于科学精神和科学思想范畴,是进行创新活动必须具备的一些心理特征,包括创新意识、创新兴趣、创新胆量、创新决心,以及相关的思维活动。

创新精神表现在:不满足已有认识(掌握的事实、建立的理论、总结的方法),不断追求新知,不满足现有的生活生产方式、方法、工具、材料、物品,根据实际需要或新的情况不断进行改革和革新;不墨守成规(已有的规则、方法、理论、说法、习惯),敢于打破原有框框,探索新的规律、新的方法;不迷信书本和权威,敢于根据事实和自己的思考,对书本和权威质疑;不盲目效仿别人的想法、说法和做法，不人云亦云，不唯书唯上，坚持独立思考，说自己的话，走自己的路；不喜欢一般化，追求新颖、独特、异想天开、与众不同；不僵化呆板，灵活地应用已有知识和能力解决问题；等等。

创新精神是科学精神的一个方面，与其他方面的科学精神不是矛盾的，而是统一的。例如：创新精神以敢于摒弃旧事物或旧思想、创立新事物新思想为特征，同时创新精神又要以遵循客观规律为前提，只有当创新精神符合客观需要和客观规律时，才能顺利地转化为创新成果，成为促进自然和社会发展的动力；创新精神提倡新颖独特，同时又要受到一定的道德观、价值观和审美观的制约；创新精神提倡独立思考、不人云亦云，并不是不倾听别人的意见、孤芳自赏、固执己见、狂妄自大，而是要团结合作、相互交流，这是当代创新活动不可少的方式；创新精神提倡胆大、不怕犯错误，并不是鼓励犯错误，只是说产生错误认识是科学探究过程中不可避免的；创新精神提倡不迷信书本和权威，并不反对学习前人经验，任何创新都是在前人成就的基础上进行的；创新精神提倡大胆质疑，而质疑要有事实和思考的根据，并不是虚无主义的怀疑一切。

总之，要用全面、辩证的观点看待创新精神。只有具有创新精神，我们才能在未来的发展中不断开辟新的天地。

（三）创新能力

所谓创新能力就是在创新精神的指引下，运用一切已有的知识、信息，产生出某种新颖、独特、有一定价值的产品的能力。这种产品可以是新观念、新设想或新理论，也可以是新工艺、新技术或新的物质产品。

创新活动不仅需要有创新精神，而且需要有创新能力，创新能力和创新精神相结合，才可能真正实现创新。

（四）高职生应具备创新精神和创新能力

1. 创新精神和创新能力是高职生素质教育的核心

创新精神和创新能力是人的综合能力的外在表现，它是以深厚的文化底蕴、高度综合化的知识、个性化的思想和崇高的精神境界为基础的。心理学领域的最新研究也表明，创新精神和创新能力是一种认知、人格、社会层面的综合体，涉及人的心理、生理、智力、思想、人格等诸多方面，并且和这些方面相辅相成，创新精神和创新能力能巩固和丰富人的综合素质。我们国家正在实施素质教育，对高职生而言，培养他们的创新精神和创新能力是教育的重要目标，也是教育的核心。

第三次全国教育工作会议提出：实施素质教育，就是要全面贯彻党的教育方针，以提高国民素质为根本宗旨，以培养学生的创新精神和实践能力为重点，造就"有理想、有道德、有文化、有纪律"，德、智、体全面发展的社会主义事业建设者和接班人。高职生是高素质群体，是新世纪我国社会主义现代化建设的强大生力军，他们的创新能力如何，将直接影响到高等教育人才培养的质量，直接关系到我国第三步战略目标的实现。

2. 创新精神和创新能力是高职生获取知识的关键

在知识经济时代，知识的增长速度加快，知识的更新周期不断缩短，知识转化的速度猛增。在这种情形下，知识的接受变得并不重要，重要的是知识的选择、整合、转换和操作。学生最需要掌握的是那些牵涉面广、迁移性强、概括程度高的"核心"知识，而这些知识并非是靠言语所能"传授"的，它只能通过学生主动地"构建"和"再创造"而获得，这就需要广大同学的创新精神和创新能力在其中主动发挥作用。

3. 创新精神和创新能力是高职生终身学习的保证

随着高等教育规模的不断扩大，高等教育职能正在由精英教育向素质教育转化，学习也正由阶段教育向终身教育、终身学习转化，学习将成为个人生存、竞争、发展和完善的第一需要。在知识无限膨胀、知识更新周期迅速缩短的情况下，高职生的社会职业将变得更加不稳定。在创新精神和创新能力的指引下，高职生有能力在毕业之后，利用各种有利条件，根据所从事的工作不断完善自身的知识和能力结构，更好地达到完善自我和适应社会的目的，从而为终身学习打下坚实的基础。

4. 创新精神和创新能力是高职生个人发展的内在要求

高职生毕业后走向社会，竞争是相当激烈的，靠什么参加竞争呢？答案是靠综合素质，而培养创新精神和创新能力与培养综合素质是统一的、一致的。

高职教育必须培养高职生的创新精神和创新能力，才能适应我国社会发展的要求。同学们风华正茂，最少保守思想，最具创新潜力，培养创新精神，有着良好的主观条件。

二、培养高职生的创新精神

中国特色社会主义的建设，迫切地需要大批勇于创新、善于创新的开拓型人才。实践证明，人的创新能力和创新潜力是可以培养和开发的。针对我国的现状，实施创新教育，加强对学生创新精神和创新能力的培养，是我们教育改革亟待解决的重大课题。教育创新是历史的必然，要教育创新，首先是树立有创新意识的教育观念。我们的教育要把培养具有创新精神和创新能力的人才作为教育的最高目标，变应试教育为素质教育。教育创新中教师观念的转变非常重要，只有教师树立了创新教育的观念，才能培养学生的创造能力，发展学生的求异思维。这个方面的工作，国家正在通过教育改革来具体实施。那么如何培养学生的创新精神呢？

（一）对所学习或研究的事物要有好奇心

牛顿少年时期就有很强的好奇心，他常常在夜晚仰望天上的星星和月亮。星星和月亮为什么挂在天上？星星和月亮都在天空运转着，它们为什么不相撞呢？这些疑问激发着他的探索欲望。后来，经过专心研究，他终于发现了万有引力定律。能提出问题，说明在思考问题。在学习过程中，自己如果提不出问题，那才是最大的问题。好奇心包含着强烈的求知欲和追根究底的探索精神，想要在茫茫学海获取成功，就必须有强烈的好奇心。正像爱因斯坦说的那样："我没有特别的天赋，只有强烈的好奇心。"

（二）对所学习或研究的事物要有怀疑态度

不要认为被人验证过的都是真理。许多科学家对旧知识的扬弃，对谬误的否定，无不是自怀疑开始的。伽利略始于对亚里士多德"物体依本身的轻重而下落有快有慢"结论的怀疑，发现了自由落体定律。怀疑是发自内心的创造潜能，它激发人们去钻研、去探索。对课本我们不要总认为既然是专家教授们写的，就不可能有误。专家教授们专业知识渊博精深，我们是应该认真地学习。但是，事物在不断地变化，有些知识现在适用，将来不一定适用。再说，现在的知识不一定没有缺陷和疏漏。老师不是万能的，任何老师所传授的专业知识不能说全部都是绝对准确的。对待我们所学习或研究的事物我们应做到：不要迷信任何权威，应大胆地怀疑。这是我们创新的出发点。

（三）对所学习或研究的事物要有追求创新的欲望

如果没有强烈追求创新的欲望，那么无论怎样谦虚和好学，最终都是模仿或抄袭，只能在前人划定的圈子里周旋。要创新，我们就要坚持不懈地努力，勇敢面对困难，要有克服困难的决心，不要怕失败，坚信失败乃成功之母。

（四）对所学习或研究的事物要有求异的观念

不要"人云亦云"。创新不是简单的模仿。要有创新精神和创新成果，就必须要有求异的观念。求异实质上就是换个角度思考，从多个角度思考，并将结果进行比较。求异者看问题往往要比常人更深刻、更全面。

（五）对所学习或研究的事物要有冒险精神

创造实质上是一种冒险，因为否定人们习惯了的旧思想可能会遭到公众的反对。冒险不是那些危及生命和肢体安全的冒险，而是一种合理性冒险。大多数人都不会成为伟人，但我们至少要最大程度地挖掘自己的创造潜能。

（六）对所学习或研究的事物要做到永不自满

一个有很多创造性思想的人如果就此停止，害怕去想另一种可能比这种思想更好的思想，或已习惯了一种成功的思想而不能产生新思想，那么这个人就会变得自满，停止了创造。

三、提升高职生的创新能力

和创新精神密切联系的是创新能力，只有创新精神，没有创新能力，也只能是"突发奇想",只能停留在"想"的层面,不能落实到"做"的层面,最后还是空想。如前所述,有了创新精神,还要有创新能力。

如何提高高职生的创新能力?因为创新能力的培养和提升涉及多方面的因素和环节,所以,提升创新能力要从以下这些主要方面考虑。

(一)积极营造良好的创新环境

1. 转变教育质量评价的观念

长期以来,社会对学校教育的评价只注重升学率,评价人才看文凭,忽视能力。所以学校着力抓"应试教育"而丢弃"素质教育"和"创新教育"。因此,全社会应真正把教育观念由"应试教育"转到"素质教育"和"创新教育"上来。

2. 尊重学生的个体差异

我们的教育不能过于强调统一化,用一个标准、一个模式去要求每一名学生,而忽视发挥学生的个性和特长。这也是当今学生创新能力不足的一个重要原因。我们的考试总是要求学生去寻求唯一的标准答案,而很少鼓励学生从多角度去思考问题。学习也习惯于因循守旧,照章办事,缺乏创新精神。为了培养学生的创新能力,应鼓励学生养成变向思维、多向思维、发散思维的思维方式。应给学生多些自我选择,让学生的个性得以发展,从而开发学生的创新潜能。

3. 改革教学方法引导学生创新

现行的课程安排、教学内容和教学环境是以教师为中心,忽略了"教是为了学"这一根本目的,所以出现"满堂灌"、"填鸭式"教学的现象。这种教学方法很难培养出创新人才。教学方法的改革,要从课堂入手,广大同学是学习过程中的主体,应发挥学生学习的主动性,从重"教"转向重"学"。教师应当好"导演",让学生成为主角,鼓励学生提出质疑,激发学生的求知欲,培养学生的好奇心和探索欲,开发学生的创新潜能。

4. 增强学生的动手能力

注重培养学生自己动手的能力,尤其是在高职院校,要提倡"亲验式"的教学方式,让学生参加模拟教学实验,自己构思实验项目,依据目标自行组建实验环境,独立完成实验。这对培养学生的创新意识和独立工作能力大为有益。

5. 营造有利于培养创新人才的良好环境

创新能力的培养和提升需要一定的社会氛围。学校乃至全社会都应为培养创新人才而创造良好的条件。各类图书馆、博物馆、艺术馆、科技馆、音像资料馆应向学生开放。教师也应利用新的教学手段,为学生创设图文并茂、情景交融的学习环境,让学生在愉快的氛围里获取知识、开拓思维。

(二)学生发挥个人的积极性

1. 努力培养良好的个性

创新能力有六个要素:智力、认知风格、价值、目的、信念和策略。智力只是创新能力中的一个要素。很多研究表明，智力测验成绩和创造（创新）能力关系不大。一般来说，具有中等以上的智力水平是创新能力发展的基本条件，高创新能力主要来自于智力以外的其他影响因素，统称为非智力因素。正如伟大的发明家爱迪生身上所体现的那样，他并不是非常聪明的人，但是他恰是一名具有杰出创新能力的人，他的发明创造给我们的世界带来巨大影响，他的创新能力来自于"勤奋"和"坚持"。正如爱迪生的名言所说的：天才是99%的汗水加上1%的灵感。

2. 重视发散思维能力的培养

发散思维是指人们沿着不同方向思考，重组眼前的信息和记忆系统中储存的信息，产生大量独特的新思想的思维方式。其通常表现是，当解决某一问题的方法和结果不仅仅限于一种时，个体能想出多种不同的方法去解决问题或给出关于某问题的多种答案。研究表明，发散思维能力和创新能力关系密切，发散思维能力的提高有助于创新能力的提高。一些发散思维训练，如一题多解等，能够有效地提高学生的发散思维能力。

同学们可以注意平时的思维训练：打破思维定势；打破固定概念；多问感觉比较"笨"的问题；试着改变一下立场，多角度考虑问题；多方位考虑问题；多反省自己；等等。

3. 多和同学讨论

几个人在思考同一问题时，每个人由于自身的经验、知识面等方面的不同，其认识也必然有很大不同。大家一起讨论，必定会在讨论过程中相互启发，取长补短，提高认识问题的广度和深度。所以，"头脑风暴法"在不少领域被广泛使用。

4. 接受创新指导

目前有些高职院校开设了创造学方面的专门课程以及与专业紧密结合的有特色的创造教育课程，同学们可以通过参加课程学习提高自己的创新能力。同时也可以通过参加发明创造的有关社团，接受创新能力的培训。

5. 积极参加科学研究，培养科研能力

现在，高职院校的教师积极参加科研，很多老师都有自己的研究课题。我们的同学此时的创新能力有限，可以先从跟随老师搞科研开始。参加科研活动，可以培养实事求是的科学态度，掌握科研的步骤，为今后自己从事科研打下基础。

6. 参与形式多样的课外活动

一般高校都有几十个社团，社团会组织多样的课外活动，多参加社团活动，能够扩大兴趣爱好，拓宽知识面，有助于激发创新的灵感。

附：

学习技能测试

一般人在评价别人学习的好坏时，都只是根据学习者的学习成绩，而不是根据学习者具有的学习技能来下结论。这是因为人们直接看到和注重的是学习的结果，对形成这些结果的原因则分析、考虑较少。其实，学习者之间学习成绩存在差异，除了智力、学习态度等因素外，学习技能是一个非常重要的因素。有研究发现：学习成绩好的学生采用了有效的学习方法，通俗地说即"学习得法"；成绩差的学生则缺乏一套正确的学习方法，被称为"学习不得法"。得法不得法也就是有没有具备一定的学习技能。一个人的学习技能贯穿于整个学习过程之中。

下面有25道题，每道题有5个备选答案，请根据自己的实际情况，在题目后面圈出相应字母，每题只能选择一个答案。

A——很符合自己的情况　　　　B——比较符合自己的情况
C——很难回答　　　　　　　　D——较不符合自己的情况
E——很不符合自己的情况

序号	题　目	选　项
1.	记下阅读中的不懂之处。	A B C D E
2.	经常阅读与自己专业无直接关系的书籍。	A B C D E
3.	在观察或思考时，重视自己的看法。	A B C D E
4.	重视预习和复习。	A B C D E
5.	按照一定的方法进行讨论。	A B C D E
6.	做笔记时，把材料归纳成条文或图表，以便理解。	A B C D E
7.	听人讲解问题时，眼睛注视着讲解者。	A B C D E
8.	经常利用参考书和习题集。	A B C D E
9.	注意归纳并写出学习中的要点。	A B C D E
10.	经常查阅字典、手册等工具书。	A B C D E
11.	面临考试，能克服紧张情绪。	A B C D E
12.	认为重要的内容就格外注意听讲和理解。	A B C D E
13.	阅读中若有不懂的地方，非弄懂不可。	A B C D E
14.	联系其他学科内容进行学习。	A B C D E
15.	动笔解题前，先有个设想，然后抓住要点解题。	A B C D E
16.	阅读中认为重要的或需要记住的地方，就画上线或做上记号。	A B C D E
17.	经常向老师或其他人请教不懂的问题。	A B C D E
18.	喜欢讨论学习中遇到的问题。	A B C D E

(续表)

序号	题　　目	选　项
19.	善于汲取别人好的学习方法。	A B C D E
20.	对需要记牢的公式、定理等反复进行记忆。	A B C D E
21.	观察实物或参考有关资料进行学习。	A B C D E
22.	听课时做好笔记。	A B C D E
23.	重视学习的效果,不浪费时间。	A B C D E
24.	如果实在不能独立解出习题,就看了答案再做。	A B C D E
25.	能制订出切实可行的学习计划。	A B C D E

记分与评价：

统计你所圈出的各个字母的次数,每圈一个A得5分、B得4分、C得3分、D得2分、E得1分,将你所得分数全部相加,算出总分,对照下面的评价表,就能了解到自己的学习技能水平。

评 价 表

总　　分	评　价
101 分以上	优　秀
86 分—100 分	较　好
66 分—85 分	一　般
51 分—65 分	较　差
50 分以下	很　差

【建议参考资料】

1. 皮连生. 学与教的心理学［M］.5 版. 上海：华东师范大学出版社,2009.
2. 陈琦,刘儒德. 当代教育心理学［M］.2 版. 北京：北京师范大学出版社,2007.
3. 吴玖仪. 青少年创新故事选［M］. 上海：上海科学技术文献出版社,2001.
4. 陶学忠. 创造创新能力训练［M］. 北京：中国时代经济出版社,2002.

【问题与思考】

1. 高职学习有什么特点?
2. 创新精神和创新能力有什么关系?
3. 结合实际谈谈你对"学习"概念的理解。
4. 请反思一下自己多年的学习方法,找出其中的优点与不足,总结形成适合自己的科学学习方法。
5. 根据自己的特点,如何培育创新精神、提升创新能力?

第四章　沟通与交往

【本章提要】

沟通有时又称交流，是人类最基本最重要的活动之一，是一个连续和循环的过程，是人际交往过程中最为重要的手段和途径。良好的沟通会使交往双方不断加深友谊，会建立更加深厚、稳定的人际交往。

马克思说："人的本质不是单个人所固有的抽象物，在其现实性上，它是一切社会关系的总和。"生活在现实社会中的人，必然是生活在一定社会关系中的人。这种复杂的社会关系就决定了人的本质，形成了人的社会属性。正因为人的社会性，决定了沟通交往是个体生存发展的前提，是个体内在的需要，是身心健康发展的基础，有助于我们的学习、工作和生活取得成功。

作为高职生，尽管我们自从出生以来就一直在与别人沟通交往，但并不总是很有效。人际交往中，有些自身的心理或其他因素会影响到实际的交往，如重视"面子"、责备求全、容易冲动、心理闭锁、个性品质、人际错觉、自我认识、社交技巧等。要提高沟通交往能力，可以从这几方面做起：1. 形成积极交往的心理态度；2. 优化个人形象；3. 学习人际交往训练课程；4. 学习掌握沟通的技巧；5. 注意交往中的文明礼仪。沟通技巧包括聆听的技巧、讲话的技巧、赞美的技巧、肯定认同的技巧、批评的技巧、拒绝的技巧等。

沟通交往是一门艺术，希望通过本章内容的学习，提高每位同学的沟通技能，提高人际交往的效果，使更多同学形成自己良好的人际氛围，营造和谐的人际关系。

【学习重点】

1. 理解沟通交往的作用。
2. 了解高职生人际交往的特点。
3. 掌握高职生人际交往的原则。
4. 认清影响高职生人际交往的常见不利因素。
5. 提高高职生人际交往的基本技能。

【重要术语】

沟通　交往　人际交往　沟通能力　沟通技巧

第一节　沟通对高职生的重要意义

一、沟通概述

（一）沟通的含义

沟通（communication）一词在现在生活中比较常见，但人们对其认识也不完全一样。《现代汉语词典》（第5版）对"沟通"的定义是"使两方能通连"。美国洛克赫文大学教授桑德拉·黑贝尔斯（Saundra Hybels）与他人合著的《有效沟通》一书中，对沟通下了这样的定义："沟通是人们分享思想和情感的连续过程。"本书倾向于将"沟通"理解成"人与人之间的信息交流过程"。

有些人将沟通等同于交往。其实，交往的含义比沟通广泛得多，它不只指人与人之间的非物质性的信息交流，也包括物质的交换，还包括人与人之间通过非物质的和物质的相互作用过程所建立起来的相对稳定的关系或联系。人们已经习惯于将人与人之间动态的相互作用的过程称做交往，而将通过人与人之间相互作用建立起来的稳定的情感联系称做人际关系。

沟通是人类最基本最重要的活动之一，是一个连续和循环的过程，是人际交往过程中最为重要的手段和途径。良好的沟通会使交往双方不断加深友谊，会建立更加深厚、稳定的人际交往。这种沟通的过程不仅包含口头语言和书面语言，也包括形体语言、个人的习气和方式、物质环境——即赋予了信息含义的任何东西。

（二）沟通过程的基本要素

1. 信息发出者：是指发出信息的主体，可以是个人、群体或组织。
2. 信息：指能够传递并能被接受者的感觉器官所接受的观点、思想、情感等，包括语言和非语言的行为以及这些行为所传递的所有影响。信息是沟通的最基本要素和灵魂。
3. 信息传递途径：指信息传递的手段或媒介，又称信道。
4. 信息接受者：指接收信息的主体。
5. 反馈：即沟通双方彼此间的回应。

（三）沟通的种类

我们可以根据沟通的要素等对沟通进行分类。如语言性沟通与非语言性沟通；口语沟通与书面沟通；有意沟通与无意沟通；自身内沟通（即自我沟通或个人内沟通）与人际沟通（人际沟通又可分为一对一的人际沟通、小组内沟通以及公共场合沟通）；正式沟通与非正式沟通；有效沟通与无效沟通；等等。我们主要了解以下几种沟通。

1. 语言性沟通与非语言性沟通

语言性沟通指使用语言、文字或符号进行的沟通。采用语言性沟通应该注意：语言简洁清晰、恰当和适时，要有针对性，语言要可信。语言性沟通约占沟通形式的35%。非语言性沟通指不使用语言、文字或符号进行的沟通，它可以伴随着语言性沟通而发生。非语言性沟通约占沟通形式的65%。从两者所占比例看，非语言沟通使用得比较多，所以在日常生活中我们要重视非语言性沟通的作用及使用。

非语言性沟通的作用有以下几方面：第一，表达情绪、情感；第二，调节互动，维持和调节沟通的顺利进行；第三，验证语言信息，能够辅助或替代语言表达；第四，维护自我形象；第五，表示人际关系状态，如握手可表示良好人际关系的建立，而挥拳相向则表示人际关系的紧张。

非语言性沟通具有以下特点：第一是情境性，相同的非语言符号，在不同的情境中会有不同的意义；第二是整体性，同时使用身体的各种器官来传达信息，因而在空间形态上具有整体性的特点；第三是可信性，由于语言信息受理性控制，不容易辨别真假，而非语言信息大多数能表现一个人对外界刺激的直接反应，很难掩饰与压抑，所以非语言性沟通可信程度较高。

2. 自我沟通

自我沟通是发生在我们自身内部的沟通，它包括思想、情感和我们看待自己的方式。在日常的生活、工作和学习中，难免会碰到许多不如意的事，也会遭遇挫折。这时，自我心情的调适，或自我不断的激励，就是所谓的"自我沟通"。它类似于我们日常生活中所说的"反思"。自身内沟通是以自我为中心，自身既是信息的发送者，又是信息的接收者，信息包括思想和情感，沟通渠道是大脑，是对自己的所感所想进行加工。

3. 一对一的人际沟通、小组内沟通、公共场合沟通

一对一的人际沟通，也是通常意义上的人际沟通，这种沟通绝大多数发生在两个人之间，也可能包括两个人以上。这是较为常见的沟通方式，通常发生在非正式的、舒适的环境中。例如，在朋友之间交谈时，基本上会选择一个比较轻松、舒适的环境，每个人都表现为信息的发送者和接收者，他们的信息由语言和非语言符号组成，使用最多的渠道是视觉和声音。此时，沟通发生在两个人或几个人之间，所以反馈的机会最多，任何一方都能及时发现对方是否困惑不解、对方的情绪反应如何，以及有没有对自己的信息感到反感等。

小组内沟通（small-group communication）发生在少数人员聚到一起解决某个问题时，通常是在比较正规的场合。小组必须足够小，以便小组成员都有机会与其他成员相互影响。这样的沟通比一对一的人际沟通更为复杂。此时，信息的发送者和接收者人数多，造成迷惑的机会也就增多。

公共场合沟通（public communication）指的是信息发出者（比如演讲者、教师）向听众发送某种信息（发表演说、教学），演讲者通常传送一种高度结构化的信息，所用的渠道与一对一的人际沟通、小组内沟通相同。然而，这种沟通在所有人际沟通中信息的接收者数目最多，所以声音要更高，手势幅度要更大。在演讲时，听众一般不能随便发问，演讲结束后有机会提问。在听众觉得喜欢听时，可以通过非语言的行为（如鼓掌）作出反馈；如不喜欢，他们可能会变得烦躁或干脆转移注意力。在大多数公共场合沟通中，环境是正式的。

二、沟通交往的作用

石油大王洛克菲勒曾说："假如人际沟通能力也是同糖或咖啡一样的商品的话，我愿意付出比太阳底下任何东西都高昂的价格购买这种能力。"人与人的交流、沟通如果不顺畅，就不能将自己真实的想法告诉给对方，会引起误解或者闹出笑话。现代社会，不善于沟通将会失去许多机会，同时也将导致自己无法与别人协作。现实中凡是取得成就的人都是擅长人际沟通、珍视人际沟通的人。沟通交往在现代社会越来越显出重要性，其作用我们从以下几个方面加以分析。

（一）沟通交往是个体生存发展的前提

每个人都不是天生就有能从自然界获得生存的物质资料的能力，没有在沟通交往过程中获得的帮助，个体不能长大。即使是一个成年的人，离开沟通交往，他也同样不能在自然界生存下去，更不要说发展下去。

《鲁滨逊漂流记》是一本很吸引人的文学名著。人们知道鲁滨逊在荒岛上生活了几年，但是，大家思考过这样的问题吗：他是怎么生活的？生活质量高吗？为什么后来回到人类社会？人们也许不知道，鲁滨逊的原型是塞尔柯克，此人脾气暴躁，在航海中因与船长争吵而被滞留荒岛，孤独地生活了四年。当1712年返回家乡时，他的脾气更坏了。四年孤独的生活使他看到别人就怕得要命，只能躲到无人的地方。后来，他被发现死于自己所挖的地洞里。

所以有一句简单但很说明问题的话：除非我们进行人际沟通，否则就不能生存。

（二）沟通交往是个体内在的需要，是身心健康发展的基础

人是具体的、生活于现实生活中的。他们的一切行为不可避免地要与周围所有的人发生各种各样的关系，如亲属关系、同事关系等。生活在现实社会中的人，必然是生活在一定社会关系中的人。这种复杂的社会关系就决定了人的本质，形成了人的社会属性。

在日常生活中，经常听到周围有人抱怨人际关系太复杂，烦死人了，真想找个没人的地方去生活。如果真到了那种没有人的环境，短暂的停留可以，但是长时间生活下去是不可能的，喜欢热闹的人一天也呆不下去。心理学研究表明，人

类对爱、接纳、关心、尊重等沟通交往活动的需要,在重要性上不亚于对食物等的生理性需要。如果人的沟通交往需要得不到满足,就会像吃不饱饭而营养失调一样,导致人心理的失调,由此所产生的苦恼和困惑也显得格外突出。这些问题如果得不到及时解决,便会对学习、生活,乃至身心发展造成严重影响。所以,沟通交往也是我们的内在需要。

心理学家曾将几只猴子单独置于不锈钢的房子里,向它们提供一切良好的物质生存条件,但是隔绝其一切交往活动。经过长时间的观察发现,被剥夺交往权利的猴子远比正常交往情况下的猴子更具强烈的恐惧反应,它们的情绪和交往行为受到了损害。

我们的自我感觉来自于与他人的沟通交往。在与他人为伴时,我们满足了自己的一种或多种需要,如乐趣、友爱、被接纳、逃避、放松和控制等。我们忙于进行大量的人际沟通,因为它有乐趣,这种沟通是一种娱乐,如我们与好朋友打电话闲聊、几个好朋友在一起讨论某个话题等;生活中,我们可以通过人际沟通设法回避我们将要去做的工作或学习,如遇到一些事情时,有的同学会花费更多时间去上网聊天,这就是一种逃避。

人际关系对身体健康有着重要影响。一项研究显示,缺乏与他人的接触使生病或死亡的机会加倍。在一项对大学宿舍室友的研究中,研究者发现,宿舍室友相互之间越不喜欢,就越有可能看医生和得伤风感冒。

所以,沟通交往也是身心健康发展的基础。

(三) 沟通交往有助于我们的工作取得成功

沟通交往在工作中的作用就如人的血脉对于人体的影响,如果沟通不畅,就如血管栓塞。工作中没有沟通,就会阻力重重,没有了乐趣。事业中没有沟通,就没有成功,所以说沟通交往是事业成功的保障。无数事实一次次向人们昭示:在这个机遇与挑战并存的时代,个人要取得成功,离不开别人的帮助。"一个篱笆三个桩,一个好汉三个帮",再伟大的人物如果离开人民群众的支持也只能是一事无成。所以除了个人实力外,沟通交往能力显示出更大的作用。这方面一个成功的案例是美国的钢铁大王卡内基。

卡内基曾经一贫如洗,但他靠个人的努力,一举成为美国的钢铁大王,在他成为亿万富翁的同时,造就了成百上千个百万富翁。作为钢铁大王的他对钢铁全然不懂,但他雇佣了千百个钢铁专家为他工作。当谈及成功的秘诀时,这位钢铁大王认为,在他的成功因素中,个人条件占15%,机遇占20%,交往能力占65%。

生活中没有沟通交往,就没有快乐人生;一个人能够与他人准确、及时地沟通,才能建立起良好的、牢固长久的人际关系,使自己获得更多的帮助,使自己的事业左右逢源,如虎添翼,最终取得成功。

三、沟通交往对高职学生的重要意义

沟通交往并非只对已经参加工作的人才重要,对仍在求学的高职生而言,沟通交往同样很重要。沟通交往的作用不仅体现在学习、生活和求职中,也体现在我们的身心发展过程中。

(一) 沟通交往是高职学生的生存需要

作为学生,我们中的大多数人还是靠父母家人养活,需要与家人沟通交往,从他们那里获得支持帮助。我们要吃什么、穿什么、用什么,都是靠沟通解决的,如果这些基本问题没有解决,我们的生存就难以保障。

(二) 沟通交往是高职生学习的重要途径

高职的学习主要是在教师的指导之下进行的,如果在学习的过程中缺乏教师的指导帮助,缺乏与同学的讨论,我们的学习几乎很难进行下去,即使能进行,效率也非常低。通过沟通交流,我们才能使自己不断获得新的信息,不断构建起自己的知识体系,不断提高技能,从而为将来的工作打好基础。

(三) 沟通交往促进高职生的身心发展

如前所述,沟通交往对人的生理、心理都很重要,特别是对正在成长的学生而言,沟通交往可以促进他们的身心发展。从心理方面看,在与同学、老师以及其他社会成员交往的过程中,青年学生不断建立了安全感,因为在我们对新的情境不确定、迷茫的时候,有人给予指导和帮助;当我们忧愁伤感的时候,能够倾诉,有人给予抚慰;正常的学习和生活中有人时刻关注自己,所以自己获得了较强的安全感,这有利于自己的心理发展。另外,在交往过程中,同学自身不断地从别人那里获得对自己的评价和认识,从而使自己能够形成正确的"自我概念"。如果没有沟通交往,个体就不能通过别人来认识自己,往往不会形成正确的"自我认知"。更进一步,有了良好的沟通,个体还可以在真诚的批评和帮助之下不断完善自我。此外,青年学生一起参加体育文艺活动,在活动中不仅提高了运动技能和身体素质,同时还愉悦了心情,培养了自己的意志力。正是在交往过程中,同学们完成了自己社会化的任务,也就是个体从一个自然人变成了一个社会人,能够适应社会生活。

(四) 沟通交往的能力是高职生学习的内容之一

高职学生不仅要学习科学文化和专业技能,也要学习其他方面的知识和能力,沟通交往的能力就是高职生要学习的重要内容。

随着社会的发展,人际交往能力越来越成为人们衡量一个人能力的重要指标。近些年来,霍华德·加德纳的多元智能理论在我国心理学、教育学等领域内影响较大,研究者较多。加德纳将人的智能概括为八个方面,其中有一个方面就是"人际技能"(interpersonal intelligence)。他对这种能力的界定是:指能够有效地理解别人和与人交往的能力,是一个人在与他人交往的过程中察觉并区分他

人的情绪、意向、动机及感觉的能力。这包括对面部表情、声音和动作的敏感性、辨别不同人际关系的暗示，以及对这些暗示作出适当反应。人际智能发达的人，往往长于察言观色、善解人意、与人相处融洽，通常还有很好的组织能力和领导能力。

我国高校毕业生就业制度的改革，要求高职生必须具有较强的人际交往能力。在学生毕业实习时，是否有较强的沟通交往能力显得更为重要。然而大量调查表明，人际关系困惑已成为高职生最苦恼的心理问题之一。提高交往能力，构建健康和谐的人际关系，已成为高职生成长过程中必须面对和解决的课题。

第二节 高职生人际交往的特点与原则

一、高职生人际交往的现状

目前，我国高职生的整体人际关系状况还不好下定论，全面的研究也比较少。但已有一些地方的相关研究者对特定范围的高职生人际交往进行了研究，尤其是高职院校的不少教师对高职生的人际交往研究得比较多。

由于我国幅员辽阔，地区发展差异比较明显，城乡发展不平衡，人们教育观念的差异也较大，所以各地高职生的来源不一，学生的质量也不尽相同，学生所学专业不同，学生的人际交往状况也不尽相同。

有研究者采用"高职生人际关系自我测试"量表对674名高职生进行了问卷调查，收回有效问卷652份，结果显示：有448名（68.71%）学生在与朋友相处上的困扰较少。他们善于交谈，性格比较开朗，能主动关心别人，愿意和朋友在一起，彼此互相喜欢，相处得也不错，而且能够从与朋友相处中得到许多乐趣，生活比较充实且丰富多彩，与异性朋友也相处得很好。有179名（27.45%）学生与朋友相处存在一定程度的困扰。他们的人缘很一般，和朋友的关系并不牢固，时好时坏，经常处在起伏波动的状态之中。还有25名（3.83%）学生在与朋友的相处中所受困扰较严重，这其中又有5名（0.77%）学生正处于非常严重的困惑之中。

王清宣等人对张家口职业技术学院在校生人际关系的调查显示：高职学生人际关系状况总体良好，大部分学生人际关系和谐，但也有部分学生和周围同学的关系一般或有些紧张，有的学生还有明显的人际交往障碍。部分统计结果如下。

拥有知心朋友的情况：30.15%的学生拥有很多知心朋友；62.75%的学生有很少的几个；7.10%的学生没有知心朋友。

内心的秘密是否对他人（包括知心朋友）吐露：50.86%的学生持肯定态度；37.01%的学生很少对他人（包括知心朋友）吐露；12.13%的学生持否定态度。

喜欢与什么样的人交朋友（多项选择）：66.18%的学生喜欢与有良好的个性品质（比如正直诚实、团结友爱、关心他人等）的人交朋友；42.40%的学生喜欢与志同道合、谈得来的人交朋友；17.40%的学生喜欢与同自己具有相似经历的人交朋友；2.45%的学生喜欢与具有良好外表的人交朋友；1.96%的学生喜欢与吃喝玩乐、善走后门的人交朋友；其他情况占7.60%。

和周围同学的关系：71.32%的学生总体情况很好，关系友好和谐；21.32%的学生关系一般；7.36%的学生与同学关系有些紧张，经常影响自己的情绪。

每逢社交活动，心理是否紧张：29.78%的学生感到紧张；45.22%的学生不紧张；25%的学生表示说不清楚。

在生人面前是否总是手足无措：18.14%的学生回答是；61.40%的学生回答否；20.46%的学生表示说不清楚。

是否愿意主动和别人打招呼：69.12%的学生回答是；30.88%的学生回答否。

在异性同学面前是否感到很不自在：28.19%的学生回答是；51.96%的学生回答否；19.85%的学生持无所谓态度。

是否总愿意独处而不愿意和别人在一起：29.17%的学生回答是；70.83%的学生回答否。

广东省高校"当代高职生的思想与行为特征研究"课题组以问卷调查和访谈等形式对广州城市职业学院等五所高职院校的高职生进行了深入的调研。在调查的基础上，课题组成员对高职生人际交往现状进行了分析。他们提出：高职院校学生交往动机迫切，主动性强。

高职生群体处于探索人生的阶段，他们思想活跃，充满自信和冲劲，人际交往的需要极为强烈，调查中，在回答"你觉得学校应该在哪些方面加强对学生的培养"问题时，18.68%的同学选择了"人际交往能力"。高职生在人际交往中显现以下特点。

1. 人际交往动机较强烈。高职期间，学生的自我意识得到了充分的发展，他们强烈地渴望通过与他人交流思想来获得自信，确立在群体中的地位。与此同时，环境改变带来的孤独感，也迫切需要他们离开父母的庇护后建立新的交往圈。因此，学生的人际交往表现出更多的主动性，如积极参加社团和班级的郊游等集体活动。

2. 高职生人际交往场所主要依托学习场所和社会实践等环节，但依赖网络建立和维护人际关系的方式在增加。在回答"您主要通过哪些方式来扩大交往圈子提高自身能力"这个问题时，回答"课堂学习或听讲座等学习场所"的占32.7%；回答"参加各种社团活动或参加社会实践、兼职"的占40.2%；回答"上网"的占17.6%。高职生的交往主要在学习场所和社会实践等环节中进行，交往方式主要有面对面的直接交往、联欢、体育活动、生日聚会、社团活动、手机短信、网络即时通讯（如QQ）等。其中，由于当前互联网的迅猛发展，短信和网络即时通讯已成为高职生交往的主要方式。

3. 追求平等，注重情感，倾向于同辈横向交往。在回答"您与宿舍同学的关系如何"这个问题时，回答"非常好"的占 30.4%；回答"比较好"的占 54.8%；回答"一般"的占 12.4%；回答"不太好或很不好"的仅占 2.4%。而在回答"您经常主动跟辅导员老师交流或者谈心吗"这个问题时，回答"非常少"的占 40.9%；回答"比较少"的占 47.0%；回答"比较多"的占 10.6%；回答"非常多"的占 1.5%。从中学生变成高职生后，由于学生的成人感和自主性不断增强，由于同龄人之间共同的生理、心理特征，同学间交往的自由度和可选择性，使他们较为注重横向人际交往。处于青年期的高职生，人生情感丰富，他们之间的交往一定程度上表现出理想主义色彩，更为注重性情的一致性。在人际交往中往往表现出追求平等的强烈意识，强调知情权和公平感。有时这种需要过分强烈，也会表现出对付出和得到的过分追求。由于高职生的人生阅历相对较浅，若过分强求行为的一致性，就不能很好地做到求同存异。

4. 基本上能正确对待人际交往挫折。在回答"当您遇到麻烦时，会如何应对"这个问题时，回答"找人倾诉"的占 58.7%；回答"向专业人士求助"的占 18.4%；回答"参加文体活动"的占 9.5%；回答"通过吸烟、喝酒、吃东西等来发泄"的占 3.3%；回答"闷在心里"的占 7.0%；回答"其他"的占 2.7%。在"如果在人际交往中遇到挫折，您总是责备自己吗"这个问题的回答上，回答"符合"的占 19.1%；回答"一般符合"的占 43.9%；回答"不符合"的占 35.2%；回答"不清楚"的占 1.8%。高职生具有较强的竞争意识，懂得并善于交往，基本上能正确对待人际交往挫折。

二、高职生人际交往的特点

结合上述调查分析，我们认为高职生的人际交往具有以下几个特点。

（一）交往需求迫切

经过高考进入高职院校后，同学离开了原来的人际圈子，完全进入了一个新的世界。尤其是很多同学远离了父母和家乡，面对的是一个完全陌生的环境、陌生的同学、陌生的老师，有的同学不知所措，但是更多的同学思想活跃、精力充沛，他们表现出更为急迫的社会交往，他们力图通过交往拓宽视野，获得友谊，满足自己物质和精神上的各种需要。

（二）交往对象以同龄人为主

高职生的年龄一般在 18—22 岁之间，尽管他们来自于不同的地方，有着不同的口音、不同的家庭、不同的社会背景，但他们的目标都是相同的——学习知识，提高素质，培养专门的技能，健康成才。因此，在这个特殊的校园环境中，朝夕相处的集体生活、众多的交往机会、相似的人生经历、个体的学习任务，使得高职生的人际交往对象也具有鲜明的特色。高职生选择交往对象时多考虑同宿舍、同班级、来自同一家乡的同学，并围绕学习、娱乐、思想交流、感情沟通而展开。

（三）交往动机复杂化

高中阶段的青年学生，学习求知是他们的主要目标，功名利禄对他们来说还是遥远的事情，彼此在交往过程中几乎不涉及这些东西，双方交往主要是由于志趣相投，所以彼此的友谊真诚而纯洁。高职的低年级阶段，同学还保持着友谊的纯真，大家在交往中具有较高的情感投入，交往动机以情感性因素居多，注意情趣相投，满足交往双方的精神需要。但是随着年级的升高，学生接触外界的时间增多，尤其是关系到各项评比、入党、就业、恋爱等问题，高职生的交往动机从单一的情感需要扩展到生活、发展、成才、就业等多种需要并重，且趋于复杂化。这种复杂化也使得有的学生在此阶段变化巨大，尤其在世界观、人生观、价值观等方面表现明显。

（四）交往的自主性增强

进入高职后，由于同学远离父母家人，自主交往由期盼变为现实。同学逐渐以自己的兴趣爱好来导向自己，以独立自主的方式来应对一切，以自己的观念来待人接物、为人处世。同时交往范围扩大，使自己的交往对象从老师、同学，扩大到社会上的各阶层，形成了自己交往的人际网络。

（五）交往的状况存在专业差异性

高职生的人际交往存在专业差异，一般而言，文科要优于理科，理科要优于工科。尤其是经过三年的学习后，这种差异更为明显。这与专业训练有很大关系，因为文科学生在人际交往方面获得了更多的知识，有了实际的训练。

三、高职生人际交往的原则

要想建立良好的人际关系，在日常生活中应注意了解、遵循人际交往的基本原则。这些基本原则不仅在学校中适用，在日常的工作和生活中也同样适用。

（一）平等原则

人际交往首先要坚持平等的原则，无论是官方的公务还是私人的活动，交往的双方在人格上都应该是平等的，没有高低贵贱之分。以朋友的身份进行交往，这样的交往才能长久，也才能有深交。同学之间相处，不管来自城市还是农村，不管家境富裕还是贫寒，不管来自高干高知还是平常人家，不管学习优异还是成绩平平，大家同窗共读，彼此之间的身份应该是平等的，既不要高傲自负，藐视其他同学，也不要自惭形秽，总觉得不如别人。

有一则故事是这样的：萧伯纳应邀到俄国访问。他在莫斯科街头遇到一位可爱的小女孩，并与这名小女孩玩了一会儿游戏。分手时，萧伯纳不经意地对小女孩说："回去告诉你妈妈，今天同你玩耍的是英国戏剧家萧伯纳。"他以为以他在世界上的名气，足以让小女孩兴奋。谁知小女孩望了他一眼，学着他的口气说："你也回去告诉你妈妈，今天同你玩耍的是小女孩安妮。"萧伯纳大吃一惊。他立刻意识到自己的失言，意识到一个人无论名气多大，也并不是走到哪里都有人认识，人应该始终平等待人。后来，他对朋友说："一个小女孩给我上了人生中最好最重要的一课。一个人不论有多大成就，他在人格上与任何人都是平等的，这个教训我一辈子也忘不了。"从这则故事中我们应该得到一些启示。

（二）尊重原则

尊重包括自尊与尊重他人。自尊就是在交往中自重、自爱，维护自己的人格；尊重他人就是尊重交往对象的人格、爱好与习惯。尊重是相互的，要想获得尊重，就必须尊重别人。也只有尊重别人，才能获得别人对自己的尊重。在高职院校内，有的同学在与老师同学相处时，总是强调别人要尊重自己，但自己很少考虑去尊重别人，这样的同学是很难与他人建立良好的人际关系的。例如，有的同学上课时玩手机，对老师的劝导不予理会，老师对他提出批评，他反而说老师不尊重他，干涉他的"自由"；有的同学在宿舍中随便动用别人的物品，如手纸、牙膏等物品；有的同学拿起别人的杯子就喝水、随手就用别人的毛巾擦嘴；有的同学不管是谁的床，没经主人的同意躺在上面就休息，甚至有的鞋也不脱就躺上床；有的同学当别人学习时，他在打打闹闹，或大声听音乐、玩游戏，而到了寝室熄灯、大家休息时，他却要开灯学习。以上种种情况，当事人实际上自己不能够尊重自己，也不能够尊重别人，这样的人必然不能获得别人的尊重。

尊重他人，还应注意尊重别人的隐私。首先，我们不应该主动打听别人的隐私；其次，不能主动传播、议论别人的隐私。尤其是有的情况下，别人把自己的隐私告诉你，是对你的极大信任，千万不能为了显示自己知道得多，将别人的隐私公之于众。有的人平时说话不过脑子思考，这很容易给自己和他人带来麻烦，所以从这个角度看，知道别人的隐私越多，往往有越大的隐患。

（三）宽容原则

古人云："人非圣贤，孰能无过。"每个人都可能犯错误，对于自己交往的对象，我们应该允许别人犯错误，尤其是非主观恶意、非原则性的错误，不要较真，有容乃大。如果苛求别人，其他人就会对你望而却步，不敢与你交往了。更应注意的是不能成为"宽以待己，严以律人"的人。一个人如果能够团结那些与自己有不同意见者，将是不可战胜的。

要真正做到宽容，应注意多"理解"，人们曾喊出"理解万岁"的口号，可见在人际交往中"理解"的重要性。如果我们能够多站在别人的角度去考虑问题，就容易理解别人、宽容别人。宽容是一种美德。

（四）真诚原则

真诚是指真实诚恳，没有一点儿虚假。待人真诚是人际交往中最为重要的原则，越是长时间交往，"真诚"越重要，真诚待人是人际交往得以延续和深化的保证。我们都喜欢与真诚的人交往，不希望我们的交往对象是两面三刀、人前一套人后一套的人。

有位心理学研究人员曾列出500多个描写人品质的词语，要求被调查的高职生说出最喜欢哪些词、最不喜欢哪些词。结果，学生评价最高的品质是：真诚。在8个评价最高的品质中，有6个与真诚有关，即真诚、诚实、忠诚、真实、信赖和可靠；而评价最低的品质中，"虚伪"居首位。可见，真诚待人会为自己赢得更多的朋友。

（五）信用原则

"人无信不立"，这是说做人要讲究"信用"。人际交往要讲信用，不要轻易许诺，一旦许诺，就要设法实现，以免失信于人。古人说过："一言既出，驷马难追。"就是强调要讲信用，话说出了，千万不能再往回收，说话要算数。

信用关系到个人的声誉和事业的成败，是高职生立足社会和走向社会的通行证。凭借信用，我们的同学可以申请助学贷款，解决经济困难，可以取得他人的信任和认可。不讲信用的人很难赢得别人的信任和友谊，也很难建立良好的人际关系。一个人要言行一致，说了就要去做。只说不做是不讲信用的人，是缺乏高素质的表现。

与朋友相处，言必行，行必果，不卑不亢，端庄而不矜持，谦虚而不虚伪，不讨好位尊者，不藐视位卑者，显示自己的自信心，取得别人的信赖。

第三节 高职生沟通能力的培养

一、影响高职生人际交往的常见不利因素

在高职生的人际交往中，可能由于同学本人的心理障碍影响了自己与他人的交往。常见的不利原因有以下几个方面。

（一）重视"面子"

高职生的不少人际冲突，都是发生在没有什么原则问题的小事情上，例如：彼此间的无意碰撞，不经意的言语伤害，或者一个不正常的眼神，或者为了区区小利，本来双方只要打个招呼、说声对不起，也就没有事了。但双方都"赌气"，不打招呼、不道歉，认为说一句"对不起"会让自己没有面子，反而是出言不逊，恶语相加，表现得自己很厉害，结果争吵起来。更有甚者，主动出手，挥拳相向，直至双方鼻青脸肿、头破血流，方才罢手，满足了自己一时逞能的痛快。不少打架的同学事后都会觉得自己打架时的行为有点可笑，等到处理双方的赔偿问题，尤其是追查违纪、违法的责任时，更是懊悔不已。这种用不恰当的方式维护自己的所谓"尊严"的做法，反映的即是面子心理。

（二）责备求全

不少人，尤其是年轻的高职学生，在与人交往之初，总是对交往对象和交往

关系作理想化的、尽善尽美的期待，在交往过程中责备求全。在求全心理的作用下，总是希望交往对象能够按照自己的愿望去做，如果对方没有出现自己所希望的行为反应，即认为交往对象不够意思，从而怨天尤人，表现出极大的不满和愤慨，认为这样的人不能交往，甚至对人际关系失去信心。这种情形出现在作为独生子女的同学身上比较多。

实际生活中，人无完人，每个人也不可能都按照自己的意愿去做，一般情况下，每个人都有自己的特殊情况，我们应该多从对方的角度去看问题，而不能仅从自己的角度去看问题。人际交往中，每个人都应该注意包容，"有容乃大"，如果一个人不能有容人之心，不能原谅和忍让别人，那么他很难与他人建立良好的人际关系。

（三）容易冲动

高职生处于特定的生理发展期，虽然比高中阶段有了更多的理智，但是心理还未成熟，自制能力较弱，于是比较容易冲动。做事情的时候，容易凭自己的一时冲动，不能够理智行事。有的同学因一点小事与其他人发生肢体冲突后，也很后悔，懊恼地说："当时没有想太多，头脑一热，就做出了愚蠢的事情，冷静下来就后悔了，但不该发生的事情已经发生了，后悔也来不及了。"古人常说："三思而后行。"这里提醒同学注意，遇到冲突发生时，千万要冷静，"冲动"、"急"是无济于事的，"冲动是魔鬼"。

有的人平时喜欢"动手"，我们奉劝这种同学：请在对别人动手、动脚的时候慢三秒，思考一下，自己的这个举动会引发什么样的后果，对自己、对他人会带来什么结果。更应该思考，有没有别的解决问题的办法。有个同学问心理老师："我在那个时候就是急，想打人，怎么办？"老师说："你如果实在想打人，就先打自己两个耳光，看看有什么结果。"真是到了这种场景，冲突肯定很难进一步恶化。

（四）心理闭锁

调查显示，49.14%的学生内心的秘密很少或不愿向他人（包括知心朋友）吐露。他们或担心别人无法理解自己，或担心秘密被扩散。这种情况的出现主要是由青年学生心理发展的闭锁性特点决定的。从年龄看，高职生正处于青年期，闭锁性是其心理特征之一。这一时期他们的内心世界很复杂，内心的矛盾从不外露，往往把自己封闭起来，不轻易将内心的感受和心里话向他人诉说，变得孤僻，对同学的态度显得冷淡，与人交往不那么坦率，对自己亲近的人也会有所保留，有孤独感。由于自我封闭，不愿与人交流沟通，不轻易向别人吐露真情，交往中要求又高，因而他们不仅与长辈不易达到心理相通，在同学中也不易找到可以产生心理共鸣的知音。当学习和生活中的困难和矛盾得不到解决时，往往因焦虑而自卑，甚至自暴自弃。这种自我封闭的结果是自己的内心思想不易被别人理解，也容易产生误会，导致与他人之间产生距离。而另一方面，由于社会化的要求，他们又想与人交往，而自己又不能理解别人，因而心理常常不能平静。长此以往，变得敏感、孤独，很少有知心朋友。

（五）个性品质

个性品质是影响人际关系建立与发展相对稳定的重要因素。因为人际交往中，每个人的言行举止都是个性的展现。社会心理学研究表明，缺乏良好的个性品质是造成人际关系不良的一个重要原因。由于个性品质不良，缺乏对别人的吸引力，因此很难与他人正常交往并建立亲密关系。有的学生在交往中狂妄自大、目中无人，既瞧不起他人，也不愿主动接近他人，彼此缺乏沟通交流，也就无法建立良好的关系。有的学生不求上进，对同学缺乏同情心，别人无法从他那里获得关心和温暖，彼此感情距离疏远，也就难以建立起密切的人际关系。有的学生性格内向，有话不爱和别人说，闷在心里，内心世界与他人缺乏沟通，彼此也就很难产生接近感。有的学生猜疑心强、虚伪，与人交往不能坦诚相待，也就不能获得他人的信任和尊重。有的学生自私自利，以自我为中心，从不考虑他人的内心需求和感受，只关心自己的利益得失，最终会在人际交往中使自己陷入孤立无援的地步，令别人敬而远之，不能被他人接受和悦纳。有的学生自卑、孤僻，总愿意自己独处而不愿意将自己融于集体之中。其他诸如言行粗暴、生活放荡、嫉妒心强、行为古怪等不良的个性品质都会影响良好人际关系的建立。

（六）人际错觉

人际错觉是人际交往中形成的对他人不正确的社会知觉。它使人对交往对象的认识和判断出现认知上的偏差，易造成主客体之间的不和谐，直接影响着人与人之间的正常交往。有的学生忽视第一印象的作用，给对方留下的不良印象影响了第二次乃至以后的交往行为。有的学生忽视近因效应的作用，在与人交往中其言谈举止过于随便，不够检点，有意无意地伤害了对方，使已有的人际关系疏远。有的学生在对他人作出评价时，光环效应影响了他对别人的正确看法，进而影响了彼此间的深入交往，停顿在表面关系上。有的学生受定势效应的影响，以偏概全，看不到事物在变化发展，影响了与他人交往的顺利进行。有的学生受社会刻板印象的消极影响，在对他人不甚了解的情况下主观下结论，形成了对他人的一种不正确的看法，妨碍了彼此之间的正常交往。

（七）自我认识

正确的对己评价是以正确的认知为基础的。高职生在自我认知时，由于受认知因素、社会阅历和自身动机、需要、愿望等其他心理因素的影响，对自己的认识和评价很难做到恰如其分，出现自我认知方面的偏差。有的学生自我评价过高，在人际交往中我行我素、妄自尊大、自吹自擂、盛气凌人，过分抬高自己，以己之长量人之短，以己之聪明衬人之笨拙，贬低、瞧不起别人，不愿和自认为不如自己的人交往，对别人的所作所为和喜好漠然置之，甚至对人尖酸刻薄。有的学生自我评价又过低，对自己没有信心，总觉得低人一截。有时虽然也有良好的交往愿望，但是总怕别人的轻视和拒绝，担心别人看不起自己，缺乏与人交往的勇气，由于自负或自卑，难以让人接近，不能得到别人的理解和尊重，有时还会受到指责或排斥，因而在人际交往中变得格格不入，彼此之间不能建立起良好的人际关系。

（八）社交技巧

交往既需要相互间的心理相融，也需要交往的技巧和手段。作为涉世不深的高职学生，由于缺乏社交技巧方面的知识，因而在交往中既不能深入地体察别人，也不能充分地表现自己；对在交往中发生的人际矛盾往往无所适从，陷入了人际交往的误区，使自己的人际交往不能获得满意的社会效果。

二、提高高职生人际交往的基本技能

高职生的人际交往能力很重要，提升和培养这种能力，可以从以下几个方面着手。

（一）形成积极交往的心理态度

美国心理学家伯恩（Eric Berne）依据个人对自己和对他人采取的基本生活态度，提出了四种人际交往模式：我不好——你好；我好——你不好；我不好——你不好；我好——你好。

第一种"我不好——你好"，持这种交往模式的学生会在交往中表现出自卑，甘居人下，缺乏应有的自信，无法发挥自己的特长。在社会交往中办事无胆量，习惯于随声附和，没有自己的主见，严重影响学生人际关系的正常发展，也不利于自信心的培养。

第二种"我好——你不好"，持这种交往模式的学生常表现为自高自大，以自我为中心，自以为是，总认为自己是对的，别人是错误的，把人际交往的失败归因于别人，导致固执己见，唯我独尊。这种交往模式不利于广大同学建立良好的人际关系。

第三种"我不好——你不好"，持这种交往模式的学生在人际关系中常表现为冷漠无情。不喜欢自己，也不喜欢别人，比较孤僻，导致人际关系不良。这种模式阻碍了人际关系的正常发展，也不利于高职生的心理健康。

第四种"我好——你好"，持这种交往模式的学生在人际交往中常表现为相信自己与相信他人、爱自己与爱他人的统一，他们能够悦纳自己和他人。这样的人能够善于发现自己和他人的优点和长处，使自己保持一种积极、乐观、进取、和谐的精神状态，从而和同学能够保持良好的交往。

（二）优化个人形象

良好人际关系的形成取决于交往的双方。一个人不但能接受他人，同时还能被他人接受，相互间的关系才会朝着令人愉快的方向不断发展。如果大家觉得与某人交往并没有什么好感，即使他乐于同别人交往，也只能是一厢情愿，最终难免会产生苦恼。所以，同学如果想与他人建立良好的人际关系，还必须优化个人形象、展现自身魅力，提高自己在人际交往中的吸引力。

1. 完善自我意识

在与人交往中，人要受自我意识的制约。自我意识有缺陷时，往往表现出与他人相处时拘谨扭捏、故作老练等令人难以接受的表现。要学会认识自己、了解自己，从而不断完善自己，树立自身的良好形象。

2. 充满自信

没有自信心、过于自卑、否定自我的人，在与他人交往时不利于相互间关系的正常发展。对自己没有信心的人往往不承认或不接受自己的真实面目，在别人面前装扮出另一种形象。没有自信心的人在与同学交往时显得紧张、拘束，随时担心自己的言谈举止受到同学的嘲笑、批评以及责备，怕暴露自己的短处。这样一来，便会羞于交往，不愿和别的同学在一起，别人自然难以与之接近。同学个人应当看到自己的价值，从而增强自信心，更好地处理人际关系。同学对于自己的短处，应当努力地加以改正，正如古代的贤人一样：闻过则喜。而对于某些无法矫正的生理缺陷，则应当勇敢地正视它，不必隐讳。如有的人的胎记长到了脸上，这是天然生成的，不可能选择，也没有办法选择，这不能看成是同学的过错，如果能通过手术去除则最好；若不能去掉，只能算是爹妈给自己一个好找的记号，丢了方便找。同学应认识到：别人和自己交往，不是为了看自己的脸，是因为自己的能力和品性，因此要坦然面对。

3. 恰当的言谈举止

在人际交往中，言谈举止表现出一个人的思想观念、道德修养、知识素养、文化水平、审美趣味、情绪状态和心理需要等，体现着一个人的修养和风度。有的人虽无出众的容貌，装束也朴实无华，然而能谈吐高雅，分寸有度，风趣幽默，使人愉快，人们就愿意与之交往。在现代社会，用人单位越来越会挑人了，人事（招聘）部门选人时，首先从同学的言谈举止开始。如果某同学在言谈举止上就让招聘者反感，肯定先被淘汰。可以形象地说，恰当的言谈举止是自己事业的敲门砖，是通向成功的基石。

4. 良好的精神风貌

精神风貌是一个人社交形象的核心。高职生只有树立积极的人生观和价值观，以乐观的态度对待人生，对生活充满信心，才能具有开朗热情、乐观向上的精神状态。与人交往时，若表现出神采奕奕、精力充沛、充满自信的精神风貌，就会感染对方，激发对方与你交往的愿望。人们不会把时间浪费在与一个萎靡不振、无精打采的人交往上。因此，千万不能把自己的消极情绪带到社交场合，不然它会使你更懊丧。

（三）学习人际交往训练课程

鉴于人际交往在保持高职生身心健康、推动高职生事业成功等方面的重要作用，以及目前高达25.9%的高职生提出提升人际交往能力的迫切需求，高职院校需要高度重视学生的人际交往能力培养，而开设人际交往训练课程则是有效途径之一。高职院校可通过开设人际关系学、成功学等人际交往训练课程，传授学生人际交往的基本原则和技巧。课程的开设必须把握一个原则：不能让课程学科化，课程要重"练"而不是重"授"。

要大力开展丰富多彩的校园文化活动。比如开展诸如社团文化节、演讲比赛、体育比赛、心理健康节等一系列的校园文化活动，把绝大多数高职学生吸引到校园文化活动中来，在活动中提升高职学生人际交往能力。开展校园文化活动时应注意：文化活动的策划要涉及高职学生学习、生活的各个方面。

（四）学习掌握沟通的技巧

沟通交往是一门科学，也是一门艺术。高职学生虽有搞好人际关系的良好愿望，但在现实生活中，不少学生对怎样与别人融洽相处感到茫然，有时还事与愿违，不能获得理想的交往效果。究其原因，就是缺乏沟通交往的知识和技巧。因此要确保交往的顺利进行，掌握一定的交往技巧、学会与人交往是必要的。要了解人际交往的原则，掌握成功交往的途径和方法，懂得良好人际关系形成和发展的条件，运用语言艺术和交往技巧进行正常的人际交往；要刻苦磨练，认真总结交往经验，使个体的人际交往能力和水平得到不断提高。

1. 聆听的技巧

在与人交往中，要学会倾听，不能只顾自己说个痛快。聆听的时候需注意：在听的过程中，适时地逐字逐句地重复他人的话，以免遗漏或误解对方发出的信息，但不宜过多；对方表达不清时，应通过转述、提问来加以引导；对方陈述之后，迅速作出反应，以免使对方陷入尴尬或失望。

倾听时须注意的基本礼节有：精力集中，适当用表情、手势表示对他人所说内容的兴趣和理解；不要随意打断对方的陈述，插话要征得同意。以下几种情形要给对方提供说话的机会：（1）对方表现出迷惑不解的神情时；（2）对方表现出不耐烦或不高兴时；（3）对方表示不同意或同意叙述的观点时；（4）对方精力不够集中时。

2. 讲话的技巧

在与人进行语言交流时应注意：说话要充满信心，声音洪亮，声音小别人听不清楚，说话时没有信心，给人的感觉是底气不足，可能说的不是实话；说话要热情，有亲切感，应有面部表情；要遵守人际交往中的语言规范，尊重对方；避免口头禅，避免语速过慢或者过快，避免发音出错；注意区别对象，对不同的人讲不同的话,也就是讲话要注意谈话对象,讲的内容能让听者听懂。

有时,即使我们说话的出发点是善良的、是好意的,但如果讲话的口气太强势、太不注意到对方的感受,则对方听起来就会像是一种攻击一样,很不舒服。所以,讲话时要克服不良习惯,改掉不受欢迎的辞令,如讲话侧重于讲道理;态度傲慢嚣张、语气蛮横;喜欢随时反驳;内容无重点;自吹自擂;妄自菲薄;言不由衷地恭维;言谈间充满怀疑的味道;嘲弄他人;语无伦次;语气缺乏自信;喜欢强词夺理;语言晦涩难懂;口若悬河、滔滔不绝;开粗俗的玩笑;懒惰。

3. 赞美的技巧

现实生活中的人是需要被肯定的,这是个人维护自信和自尊的需要。所以,受到赞美是人们心理上的需要,人们需要被尊重、被欣赏、被鼓励、被肯定。愿意得到赞美,是人的一般心理需求;而善于赞美他人,则是一种重要的美德。

在赞美别人时也有一定的原则和要求。首先是诚恳实在。诚恳实在是赞美的前提和基础,是赞美的第一要素。对于赞美的话语,人们最重视的便是"诚"和"实"。赞美时态度要真诚,夸奖要言之有物,切忌陈词滥调、华而不实和虚伪轻浮。其次是切合得体。切合语境和得体妥帖是人们衡量理想的语言表达效果的一个重要标准,也是赞美的一个重要原则,赞美也不是随便拿过来一句好话就能说的,而是要考虑到被赞美对象的各种因素,包括其职业身份、文化程度、性格爱好、处境心情以及与赞美者的特定关系等,这些因素直接影响着赞美的效果,所以必须因人而异地恰当赞美,否则就会产生不良的后果。

赞美有以下一些类型或方式:(1)锦上添花式,即赞美就是好上加好,不过所添之"花"必须有特色。(2)雪中送炭式,赞美是最具有公德性的,在人们最需要他人鼓励的时候能够听到你的一声真诚的赞美,将有十分明显的激励作用,能够更加坚定他人奋发努力的信心。(3)笼统模糊式,此种赞美主要适宜浅层次的赞扬,属于策略性的赞美。(4)具体清晰式,主要是赞美的内容要具体清晰(例如:赞美什么;为什么赞美)。(5)直接鼓励式,在一般社交礼仪中,直接鼓励式的赞美多用于有地位级差的情况,即多用于上级对下属的情况。(6)间接迂回式,赞美主要是含蓄地表达赞美的意向,从而不露痕迹地称赞对方,让对方在不知不觉中潜移默化地受到融洽气氛的感染。(7)对比显长式,就是以他人之短来对比赞美对象的长处。首先,赞美对象的"长"是清晰而具体的,比较对象的"短"是笼统而模糊的,不能指向特定对象。其次,比较时不能当着有"短"的一方的面说,否则就会伤害这一方。(8)显微放大式,抓住每一个具体的小事及时赞扬,表现出一种十分细致的体贴入微,这会使对方感到由衷的高兴。

4. 肯定认同的技巧

肯定认同是建立信赖感、达成交易的桥梁。在肯定认同的时候应注意:

（1）对方永远是对的——这句话就是说，对方说出的话都是有目的和原因的，站在他的立场是对的。（2）沟通的最后目的是要达成双方一致，沟通与战争最大的区别在于，在沟通过程中我们不是要赢得战争而是要达成一致意见。人类行为学家告诉我们：在这个世界上你怎么对别人，别人回头就会如何对你，你肯定认同别人，别人就比较容易认同你。假如你反对别人，对方也自然反对你。所以要善用肯定认同技巧。

顶尖的交际人员告诉我们：在沟通过程中，最好不要轻易地否定对方的看法，即便对方是在吹毛求疵，你也让他把话讲完。这样，你才容易说服对方，至少这种方式不会给人强词夺理的感觉，也较容易掌握对方的情绪。

面对很挑剔的沟通对象时，最好先静静地听他（她）说话，等他（她）都说完之后，在认同他（她）的意见的基础上，再表达你的高见，这样比较容易得到你想要的结果。

肯定中常用的黄金句子有：那很好，那没关系；你这个问题问得很好；你讲得很有道理；我理解你的心情；我了解你的意思；我认同你的观点；我尊重你的想法；感谢你的建议和意见；我知道你这样做是为了我好。

5. 批评的技巧

生活、学习乃至工作中，我们难免会出错，就如古人所说：人非圣贤，孰能无过。出了错，接受对我们的批评，是我们了解失误和改进的一种方法。提出批评也是家长、老师、领导、同学、朋友对我们进行帮助的重要内容，是提高效率，不断进取所必需的。

如何提出批评意见呢？第一，在批评之前先思考一下，问问自己想要交流什么，想要改变什么。第二，要本着促进的目的，并要注意他人的自尊。第三，批评要注意场合，有的批评适合当时进行，更多的批评适合在事后私下进行。第四，要注意对象，对长辈、老师和对同学、朋友说话的方式是有区别的。第五，要注意为批评创造合适的情景。

下面是一个注意批评技巧的例子：

1923年，约翰·卡尔文·柯立芝登上美国总统宝座。

柯立芝有一位女秘书，长得漂亮，工作时，却经常出错。一大早，秘书走进办公室，柯立芝说："今天，你穿的这身衣服真漂亮，正适合你这样年轻漂亮的小姐。"这几句话让秘书受宠若惊。柯立芝又说："但是，你也不要骄傲，我相信，你的公文也能处理得一样漂亮。"

从那天起，女秘书在工作中很少出错了。

一位朋友知道了这件事，就问柯立芝："这个方法很妙，你是怎么想出来的？"柯立芝说："这很简单，你看见过理发师给人刮胡子吗？他要先给人涂肥皂水，为什么呢？就是为了刮起来使人不痛。"

6. 拒绝的技巧

在日常生活中，有的人为了要与他人建立良好的人际关系，对他人的要求一律不拒绝，无条件地服从，哪怕关系到了自身的利益，心里不满意也是如此。有的人能够对别人向自己提出的不能接受的要求加以拒绝，能说"不"，但后果往往是与对方反目成仇。在现实生活中，我们因为拒绝别人而与别人的关系变僵，并非完全是出于我们拒绝他，而更多的是因为我们拒绝的语言和方式触犯了他做人的尊严，从而导致他心中的不快和对立。

一般来讲，当我们遇到的请求内容不合时宜或不合情理，或者没有义务给予承诺的请求时，我们应主动采取拒绝行为。但如何拒绝？这就需要考虑，有一些技巧。

（1）积极地听。拒绝的话不要脱口而出。不要在他人刚开口即予以断然的拒绝，不容分辩，过分急躁地拒绝最易引起对方的反感，应该耐心地听完对方的话，并用心弄懂对方的理由和要求，要站在对方立场上严肃地思考，一定要显示出自己明白这个请求对其的重要性。让对方了解到自己的拒绝不是草率作出的，是在认真考虑之后才不得已而为之的。

（2）以和蔼的态度拒绝。首先感谢对方在需要帮助时可以想到你，并且略表歉意。注意：过分的歉意会造成不诚实的印象，因为如果你真的感到非常抱歉的话，就应该接受对方的请求。不要以一种高高在上的态度拒绝对方的要求，不要对他人的请求流露出不快的神色，更不要蔑视或忽略对方，这些都是没有修养的具体表现，会让对方觉得你的拒绝是对他抱有的反对态度的机械反应，从而对你的拒绝产生逆反心理。从听对方陈述要求和理由，到拒绝对方并陈述理由，都要始终保持一种和蔼的态度和面貌，表示出对对方的好感和真诚之心。

（3）要明白地告诉对方你要考虑的时间。我们经常以"需要考虑考虑"为托词而不愿意当面拒绝请求，内心希望通过拖延时间使对方知难而退。这是错误的。如果不愿意立刻当面拒绝，应该明确告知对方考虑的时间，表示自己的诚信。

（4）用抱歉语舒缓对方的情绪及抵抗。对于他人的请求，表示出无能为力，或迫于情势而不得不拒绝，一定记得加上"实在对不起"、"请您原谅"等歉语，这样，便能不同程度地减轻对方因遭拒绝而受到的打击，并舒缓对方的挫折感和对立情绪。

（5）应明白干脆地说出"不"字。拒绝的态度虽应温和，但是明显不能办到的事，却应明白地说出"不"字。模棱两可的说法使对方怀有希望，引发误解，当最终无法实现时，就会使对方觉得受了欺骗，如此引起的不满和对立情绪往往更加强烈，应特别注意。俗话说，长痛不如短痛，晚断不如早断，要一次就让对方死心，否则会害人害已，贻害无穷。

(6）说明拒绝的理由。不要只用一个"不"字就想使对方"打道回府"，而应给"不"加上合情合理的注解，以使对方明白自己的拒绝并非是毫无理由，也不只是出于借口，而是确有一些无可奈何的原因，确有某种难以说出的苦衷。最好具体地说出理由及原委，以请求对方的谅解。

（7）提出取代的办法。你的拒绝，必定给请求者造成一些麻烦，影响他的计划的正常进程，甚至使他的计划搁浅。这时，你若帮他提供一些其他的途径和办法，当然更能减轻对方的挫折感和对你的怨恨心理。如"要是明天的话，我大概可以去一趟"或"我只能借给你300元，但我知道小李有一笔不小的活动奖金，也许你可以去找他"，类似的话，可以向对方表达你愿意帮他的诚意，并缓解对方的被动局面，从而赢得对方的好感。

（8）对事不对人。一定要让对方知道你拒绝的是他的请求，而不是他本身。拒绝之后，最好可以为对方指出处理其请求的其他可行办法。

（9）千万不可通过第三方加以拒绝。通过第三方拒绝，足以显示自己懦弱的心态，并且非常缺乏诚意。

成功拒绝的关键在于：拒绝前必须将对方的利益放在考虑之内，才能做到两全。

（五）注意交往中的文明礼仪

良好的人际交往要有相应的文明礼仪。如前所述，恰当的言谈举止是自己事业的敲门砖，是通向成功的基石。我们在交往中要注意哪些社交礼节呢？

1. 遵时守时

遵时守时不仅在同学交往中要注意，在日常的工作和生活中同样重要。参加会议或各种活动应按约定的时间到达，一般提前五分钟到达为宜。如因故迟到应及时表示歉意；因故不能参加，应提前通知或请假。现在不少同学时间观念不强，这应引起同学的注意。

2. 尊重老人和妇女

在公共场所和社交场所，上下楼、上下车、进出电梯时，要礼让老人和妇女，主动予以照顾。乘公共汽车时，年轻的高职生应主动为老人、孕妇、抱小孩的乘客让座。

3. 举止适当

作为接受高等教育的高职生，应该举止落落大方、端庄稳重，表情自然诚恳、和蔼可亲。站立时，身子不歪靠一旁，不半坐在桌子或椅背上；坐时腿不摇、脚不翘；坐在沙发上时不要摆出懒散的姿态。在公共场所不要趴在桌上或躺在沙发上；走路时脚步要轻，遇急事可加快步伐，不要慌张奔跑；两人行走不搭肩膀，多人行走不要有意无意排成队形，尤其是不能走成一横排，妨碍他人的通行。谈话时，不要手舞足蹈，不要放声大笑或高声喊人；在教室、宿舍的楼道里应保持安静，不要高声喧哗，不要妨碍他人的学习和休息。晚上在宿舍熄灯之后，不要私拉电线，自己开台灯；不要开卧谈会，以免影响其他同学的休息。

4. 礼貌问候

问候是非正式交谈，通常没有特定的意思，但它是不可或缺的。它可以使互不相识的人相互认识，不熟悉的人相互熟悉，相识的人增加感情，熟悉的人更加亲近。同学之间平时用点头或微笑代替言语也是一种友好的表示。现在，有些高职生忽视了这些礼节，同学相遇，冷眼相对；遇到老师，视而不见或低头躲过。这都与自己的身份不吻合，不利于自己的人际交往。

5. 礼貌通报

到他人住宅，或者别的同学的宿舍，或到老师的办公室，应该注意有礼貌地通报。有门铃的按一短声，切忌久按门铃不放。无门铃的要有节奏、轻重适度地敲门，最多叩两三下。不要使劲急切地敲门，不可透过缝隙窥探有没有人在家，不可以在门口高声叫喊。即使门是虚掩着的或开着的，也应敲一两声并问"我可以进来吗"，在得到允许或邀请时，方可进入。

6. 正确称呼

在比较正式的场合，称呼是否得体直接影响到交往的愉快、融洽与否。与他人见面时，职务明确的，称呼职务；职务不明确的，可称"先生"、"女士"、"小姐"等。作为学生，遇到其他不相识的学生，可称"同学"。对学校中不认识的长者或工作人员，均可以称"老师"。

7. 学会道歉

在人际交往中，交往双方难免出现失误和过错，此时需要的是及时的道歉。道歉并非耻辱，而是一个人胸怀坦荡、深明事理、真挚诚恳和具有勇气的表现。衷心道歉可使大事化小、小事化了，甚至化干戈为玉帛，不但能修补破裂的关系，而且还可以增进感情。能主动道歉，是一个人文明素质、优雅风度的直接体现。

8. 尊重风俗习惯

由于不同的历史、宗教等方面的因素，各地方、各民族有其特殊的风俗习惯和礼节，交往中应多加了解并予以尊重。同学们随着交往的扩大，今后到各地参观游览的机会增多，去之前，应该找一下相关资料看一看，到了新地方以后应注意多观察、多了解，不懂的事情要多问，也可以仿效别人，做到"入乡随俗"。

以上的内容在同学交往时都应去注意，只有经常注意，并加以运用，才能够更好地提升自己的人际交往技能。这样，同学们就会在有效、成功的沟通交往中体验成功和快乐，这也有助于同学们获得良好的人际环境，有助于大家的学习和工作，有助于促进精神和身体健康。

附：

高职生人际关系的自我测量

这是一份高职生人际关系行为困扰的诊断量表，共 28 个问题，请对每个问题回答"是"（打√）或"非"（打×），将答案写在每题后面的括号内。请你根据自己现在的实际情况如实回答，答案没有对错之分。

1. 关于自己的烦恼有口难言。（ ）
2. 和生人见面感觉不自然。（ ）
3. 过分地羡慕和妒忌别人。（ ）
4. 与异性交往太少。（ ）
5. 对连续不断的会谈感到困难。（ ）
6. 在社交场合感到紧张。（ ）
7. 时常伤害别人。（ ）
8. 与异性来往感觉不自然。（ ）
9. 与一大群朋友在一起时常感到孤寂或失落。（ ）
10. 极易受窘。（ ）
11. 与别人不能和睦相处。（ ）
12. 不知道与异性相处如何适可而止。（ ）
13. 当不熟悉的人对自己倾诉其生平遭遇以求同情时，自己常感到不自在。（ ）
14. 担心别人对自己有什么坏印象。（ ）
15. 总是尽力使别人赏识自己。（ ）
16. 暗自思慕异性。（ ）
17. 时常避免表达自己的感受。（ ）
18. 对自己的仪表（容貌）缺乏信心。（ ）
19. 讨厌某人或被某人所讨厌。（ ）
20. 瞧不起异性。（ ）
21. 不能专注地倾听。（ ）
22. 自己的烦恼无人可倾诉。（ ）
23. 受别人排斥，感到被冷落。（ ）
24. 被异性瞧不起。（ ）
25. 不能广泛地听取各种各样的意见、看法。（ ）
26. 自己常因受伤害而暗自伤心。（ ）
27. 常被别人谈论、愚弄。（ ）
28. 与异性交往时不知如何更好地相处。（ ）

记分表

	题目	1	5	9	13	17	21	25	小计	总分
Ⅰ	分数									
Ⅱ	题目	2	6	10	14	18	22	26	小计	
	分数									
Ⅲ	题目	3	7	11	15	19	23	27	小计	
	分数									
Ⅳ	题目	4	8	12	16	20	24	28	小计	
	分数									
评分标准		打"√"的给1分,打"×"的给0分								

注:到工作人员处咨询结果,测验的结果仅供参考。

测查结果的解释与辅导:

一、总分的解释

1. 如果你得到的总分是 0—8 分,那么说明你在与朋友相处上的困扰较少。你善于交谈,性格比较开朗,主动,关心别人,你对周围的朋友都比较好,愿意和他们在一起,他们也都喜欢你,你们相处得不错。而且,你能够从与朋友的相处中得到乐趣。你的生活是比较充实而且丰富多彩的,你与异性朋友也相处得比较好。一句话,你不存在或较少存在交友方面的困扰,你善于与朋友相处,人缘很好,获得许多的好感与赞同。

2. 如果你得到的总分是 9—14 分,那么,你与朋友相处存在一定程度的困扰。你的人缘很一般,换句话说,你和朋友的关系并不牢固,时好时坏,经常处在一种起伏波动之中。

3. 如果你得到的总分是 15—28 分,那就表明你在同朋友相处上的行为困扰较严重,分数超过 20 分,则表明你的人际关系困扰程度很严重,而且在心理上出现较为明显的障碍。你可能不善于交谈,也可能是一个性格孤僻的人,不开朗,或者有明显的自高自大、讨人嫌的行为。

以上是从总体上评述你的人际关系。下面将根据你在每一横栏上的小计分数,具体指出你与朋友相处的困扰行为及其可资参考的纠正方法。

二、分项的解释

1. 记分表中Ⅰ横栏上的小计分数,表明你在交谈方面的行为困扰程度。

如果你的得分在 6 分以上,说明你不善于交谈,只有在极需要的情况下你才同别人交谈,你总是难于表达自己的感受,无论是愉快还是烦恼;你不是个很好的倾听者,往往无法专心听别人说话或只对单独的话题感兴趣。

如果得分在 3—5 分之间,说明你的交谈能力一般,你会诉说自己的感受,但不能讲得条理清晰；你努力使自己成为一个好的倾听者，但还是做得不够。如果你与对方不太熟悉，开始时你往往表现得拘谨与沉默，不大愿意跟对方交谈。但这种局面在你这里一般不会持续很久。经过一段时间的接触与锻炼，你可能主动与同学搭话，同时这一切来得自然而非造作，此时，表明你的交谈能力已经大为改观，在这方面的困扰也会逐渐消除。

如果你的得分在0—2分之间，说明你有较高的交谈能力和技巧，善于利用恰当的谈话方式来交流思想感情，因此在与别人建立友情方面，你往往比别人获得更多的成功。这些优势不仅为你的学习与生活创造了良好的心境，而且常常有助于你成为伙伴中的领袖人物。

2. 记分表中Ⅱ横栏上的小计分数，表示你在交际方面的困扰程度。

如果你的得分在6分以上，则表明你在社交活动与交友方面存在着较大的行为困扰。比如，在正常集体活动与社交场合，你比大多数伙伴更为拘谨；在有陌生人或老师存在的场合，你往往感到更加紧张，并因此而扰乱你的思绪；你往往过多地考虑自己的形象而使自己处于越来越被动、越来越孤独的境地。总之，交际与交友方面的严重困扰，使你陷入"感情危机"和孤独困窘的状态。

如果你的得分在3—5分之间，往往表明你在被动地寻找被人喜欢的突破口。你不喜欢独自一个人呆着，你需要和朋友在一起，但你又不太善于创造条件并积极主动地寻找知心朋友，而且，你心存顾虑，生怕在主动行为之后有"冷"体验。

如果得分低于3分，则表明你对人较为真诚和热情。总之，你的人际关系较和谐，在这些问题上，你不存在较明显持久的行为困扰。

3. 记分表中Ⅲ横栏的小计分数，表示你在待人接物方面的困扰程度。

如果你的得分在6分以上，往往表明你缺乏待人接物的机智与技巧。在实际的人际关系中，你也许常有意无意地伤害别人，或者你过分地羡慕别人以致在内心妒忌别人。因此，其他一些同学可能回报你以冷漠、排斥，甚至是愚弄。

如果你的得分在3—5分之间，往往表明你是个多侧面的人，也许可以算是一个较圆滑的人。对待不同的人，你有不同的态度，而不同的人对你也有不同的评价。你讨厌某人或被某人所讨厌，但你却极喜欢另一个人或被另一个人所喜欢。你的朋友关系某方面是和谐的、良好的，某些方面却是紧张的、恶劣的。因此，你的情绪很不稳定，内心极不平衡，常常处于矛盾状态中。

如果你的得分在0—2分之间，表明你较尊重别人，敢于承担责任，对环境的适应性强。你常常以你的真诚、宽容、责任心强等个性获得众多的好感与赞同。

4. 记分表中Ⅳ横栏的小计分数表示你跟异性朋友交往的困扰程度。

如果你的得分在5分以上，说明你在与异性交往的过程中存在较为严重的困扰。也许你过分地思慕异性或对异性持有偏见，这两种态度都有它的片面之处。也许是你不知如何把握好与异性同学交往的分寸而陷入困扰之中。

如果你的得分是3—4分，表明你与异性同学交往的行为困扰程度一般，有时可能会觉得与异性同学交往是一件愉快的事，有时又会认为这种交往似乎是一种负担，你不懂得如何与异性交往最适宜。

如果你的得分是0—2分，表明你懂得如何正确处理异性朋友之间的关系。对异性同学持公正的态度，能大方、自然地与他们交往，并且在与异性的交往中得到了许多从同性朋友那里不能得到的东西，增加了对异性的了解，也丰富了自己的个性。你可能是一个较受欢迎的人，无论是同性朋友还是异性朋友，多数人都较喜欢你和赞赏你。

【建议参考资料】

1. 金盛华，杨志芳，赵凯．沟通人生：心理交往学［M］．济南：山东教育出版社，1992.
2. 黑贝尔斯，威沃尔．有效沟通［M］．李业昆，译．7版．北京：华夏出版社，2005.
3. 何秋叶．大学生沟通与礼仪［M］．武汉：华中科技大学出版社，2008.
4. 卡耐基．口才的艺术与人际关系全集［M］．马剑涛，译．北京：中国华侨出版社，2010.

【问题与思考】

1. 沟通对人生有何作用？对高职生的意义有哪些？
2. 影响人际交往的因素有哪些？
3. 人际交往应遵循哪些原则？
4. 如何提高自己的人际交往技能？
5. 谈谈自己在以往的人际交往中有什么经验教训。

第五章　幸福与恋爱

【本章提要】

　　本章介绍了两个相关的知识范畴：幸福观与恋爱观。

　　幸福与幸福感既是一种积极的情绪，又是一种积极的状态。幸福感的价值取向构成了幸福观，积极幸福观是目前高校德育和积极心理学共同研究的对象，作为高职院校的学生，需要正确理解幸福、感知幸福、追求幸福和创造幸福，把幸福的人生与职业生涯相联系，在职业学习过程中不断感知积极的幸福体验，努力将个人的幸福融入到和谐幸福的社会生活、职业生活中去。

　　恋爱观是人生价值观的重要内容，是幸福感的一种具体体验。然而对于高职生来说，真正理解爱情的心理、生理以及社会伦理、法律等相关知识确实还有待于不断学习和成长。树立符合核心价值观和社会主流的婚恋观是我们提倡的一种思维模式和行为习惯。高职生谈恋爱不仅要树立正确的恋爱观，而且在确立恋爱关系的过程中需要正确对待物质、家庭、兴趣、性格以及价值观和道德品行，杜绝"性解放"、"杯水主义"等消极、错误的观念，对自己的身心健康负责。高职生的恋爱具有一定的盲目性，面对好感、喜欢与爱情的界限，在判断上容易出现偏离，因此失恋也是在所难免的。当失恋的不良情绪出现时，道德和法律意识不能淡漠，调整心理状态的方法也是需要学习和实践的。

【学习重点】

　　1. 正确理解积极幸福的概念，掌握积极幸福观的原理和要求。

　　2. 努力培养自己积极的幸福理念，并积极实践教材所提出的将幸福作为一种内心体验、一种潜在能力、一种创新能力。

　　3. 认真分析和查找发生在同学身边的有关幸福观方面的疑惑和问题，对其成因进行客观的分析，根据基本理论联系自己的职业生活、学习生活和家庭生活大胆尝试积极幸福体验带来的愉悦。

　　4. 树立正确的爱情观，用社会主流的婚恋观来检验自己，做到文明、理性、守法，并不断完善自己的人格和尊重对方的人格。

【重要术语】

　　幸福感　积极幸福观　恋爱观　爱情本质

第一节　高职生幸福因素分析

李超同学是北京一所职业学校的学生，毕业后分配到一所储蓄所工作。在一次承担运钞车押运的任务时，遭到两名歹徒的抢劫，歹徒枪杀了驾驶员，然后向坐在副驾位置上的李超索要运钞车保险柜的钥匙，并用自制步枪打穿了李超的肠子，英勇的李超没有屈服，把钥匙藏在脚下，坚持到公安人员赶到。在医院，我们采访了他，他只是平静地笑着说，当时他的确很害怕，现在的确很幸福。

有人对他不能理解，已经受伤了还能感到幸福，是真的吗？其实，作为他的老师，我们非常了解他，应该说他的话是由衷的肺腑之言，因为幸福就是一种感觉，一种状态。

一、幸福是一种内心体验

幸福就是心理欲望得到满足时的状态，是个体对幸福事件的主观感受。幸福是一种持续时间较长的对生活的满足和感到生活有巨大乐趣并自然而然地希望持续久远的愉快心情。幸福感的大小，取决于一个人所做的有幸福感之事的大小；幸福感的长短，取决于具有幸福感之事所持续时间的长短；幸福的深浅，决定于该事件在你心中地位的深浅。

现在我们反思李超同学受伤后的那种感觉就不难理解了，因为每个人对同样一个事件可能存在相同的感觉，也可能存在一些差异，这与每一个人所处的成长环境和价值观有紧密的联系，同时每一个人都是在成长的，幸福感体现了一个人的态度和能力。

卡耐基说过："心中充满快乐的思想，我们就快乐。想着悲惨的事，我们就会悲伤。心中满是恐惧的念头，我们必会害怕。怀着病态的思想，我们真的可能会生病。想着失败，则一定不可能会成功。老是自怜的人，别人只有想法避开他。"大家每天都会照镜子，你对它笑，它就会对你笑。因此幸福是一种积极的心境，这是积极心理学一个重要的理论观点。

幸福感是当今积极心理学理论的重要研究对象，对高职生来说具有三个层面的意义：在主观层面上是使高职学生具有积极的主观体验、幸福感、希望和乐观等。在个体层面上使学生激发积极的心理品质，诸如爱的能力、工作的能力、勇气、人际交往技巧、对美的感受力、毅力、宽容、创造性以及关注未来、天赋和智慧等因素。在整个高职生群体层面上则着眼于促使高职生的美德发展，以及促使个体成为具有职业道德品质的合格职业人，进而成为具有历史责任感、利他主义，有礼貌、有宽容心的幸福职业人。

高职生对幸福的主体感知不外乎以下两种类型。

（一）物质感受型

持此种幸福体验的学生一般分为两类。

第一类学生对物质的情绪体验比较真实也相对符合学校教育目标。他们能够对丰富的物质享受给予积极恰当的情绪体验。他们在享受物质带来的身心愉悦的同时，能够保有冷静的分析判断，对享乐主义、金钱至上的错误观念有所警戒，他们能够驾驭自己对物质的态度与需要。

第二类学生对于物质享受缺乏"度"的控制。有些学生由于曾经家境不好，在学校环境中惧怕正视与他人的差距，因而采取非理智的物质生活享受，从中得到一种快感；还有的学生不能够很好地判断物质本身属性与人的需要之间的关系，产生盲目的物欲需要，喜欢攀比，满足虚荣心，得到一种扭曲的心理满足。

（二）精神感受型

在学生中存在一种更为符合核心价值观的幸福主体感受。他们有明确的社会理想和道德理想，积极培养职业理想；热衷于积极健康的社会活动；理性对待过去、现在以及未来，在过去的幸福体验基础上怀抱对未来的美好憧憬。在人际关系方面乐群向上；在学习方面努力刻苦，有创新意识；对未来的职业生涯与婚姻家庭充满期待和理性的思考。这些同学热爱知识、热爱科学、崇尚文明，善于从现实生活中捕捉幸福的因素。他们的幸福观更强烈地体现出社会核心价值取向，能够把个人的幸福与社会的发展紧紧地联系在一起。他们同样善于从物质生活中体验出更多的精神享受成分。

当然还有一种学生只沉湎于对过去的遗憾、对现实的不满和对未来的茫然。他们对客观环境缺乏正确的判断，因此很难从自我成长中感受幸福的因素，由此总是怨天尤人，总是回避现实，总是充满幻想，总是忽略自己的价值。这样的学生很难从物质与精神生活方面得到幸福的体验。

二、幸福是个体的潜在能力

幸福离不开满足感，但是满足感并不等于积极的情绪体验。经济学家保罗·萨缪尔森认为：幸福是心理期望状态与现实生活状态的比较。人们内心评价幸福的标准直接影响人们对幸福的感知，只有调整心理评价标准，才能使人们更容易感到满足，进而提升人们对幸福的感知。只有知足才有满足，只有知足才有幸福；如果总不知足就会降低幸福感觉。

因此高职学生的幸福感与他们所处环境的物质与精神因素紧密相关，也同时具有个体差异。有相当一部分学生对自己未来的理想、信仰、职业、家庭、婚姻、兴趣爱好有着积极向上的价值取向，他们是当代高职生的主流；当然在学生中也存在着一些属于成长过程中不可逾越的阶段和现象。

1. 有时学生会对自己期望值过高或定位不清，追求虚无缥缈的空中楼阁或不合实际的完美主义。还有时学生会没有明确的目标，没有方向感，不知道自己需要什么、如何获得。

2. 有时学生忽略了幸福是需要内心体验的，因而不能将感觉上升为一种情绪体验和一种理性认识，因此虽然与大家处于相同的情境中，却缺乏积极投入的心态，没有及时认真的体验，生活在虚无与幻想中，缺少了对现实生活的幸福体验。

3. 有时学生养成了一些不良嗜好，比如吸烟、酗酒、网瘾、药物依赖、大吃大喝、沉迷不良书刊以及过度消费、超前消费等。这些习惯，无异于"饮鸩止渴"，确实能够满足一时的感官刺激而得到暂时的满足，但这种生活习惯只具有短暂的适应性，却不能带来持久的幸福感。

4. 有时学生存在个人主义思想倾向，以个人利益为中心。没有做到将个人的需要与他人的需要恰当地加以协调，甚至是在利己的同时损害了集体或他人的利益。这种满足感是以影响或剥夺他人幸福感为代价的，是不道德的。

三、幸福需要创造精神

幸福作为一种存在，它的客观内容是需要我们不断地创造和发掘的。享受幸福是一种精神需要，创造幸福更是一种精神境界。因此学校教育不仅要引导学生学会体验，更重要的是不断去创造更美好的未来。列宁同志讲过"要把'人人为我，我为人人'的原则灌输到群众的思想中，变成他们的习惯，变成他们的生活常规"。因此认识自我、实现自我、超越自我是学生感受幸福、创造幸福的重要内容。追求本身也蕴含着创造的因素，就其过程而言它既是一种能力又是一种精神。

下面是能产生幸福感的七种状态：

第一，享受瞬间。要努力使我们的学习和生活处于这样一种状态下：把同学之间的友谊当成一面镜子，照亮自己，并反观自己，在帮助朋友中得到满足，在磨擦中得到成长。

第二，善待他人。人们学会很好地对待亲近和善待自己的朋友，帮助他们战胜困难就会得到一种满足。美国民意调查中心的抽样调查显示，能一下数出5个亲密朋友的人中，有60%的人比不能数出任何朋友的人更感到幸福。

第三，表达感激与幸福。实验表明，经常表达感激的人更容易产生积极的情绪体验，催人奋进，使人健康。同时，真正能够将内在的幸福体验表达出来的人会更容易感到幸福。

第四，参加运动。各种运动是对付压力和焦虑的良药。对常感到一定压力的高职生的调查表明，那些经常参加各种运动的学生明显比不好运动的学生具有更高的幸福体验。

第五，掌控时间。幸福的人设置大的目标，然后落实在每天的行动中。一天写300页书是一件艰难的事，然而每天撰写两页则非常容易办到。这样坚持150

天，你就可以写成一本书，这个原则可适用于任何工作。

第六，注意休息。幸福的人精力充沛，但他们仍然需要用合理的方式去休息，其中睡眠是一个重要的内容。有些学生或因为学业或因为人际关系都会出现睡眠不足、睡眠质量差等问题。

第七，心态和谐。天时、地利、人和、己和，这是我们期待的和谐环境。如果每个人都能看到不和谐事件背后的正面意义，能够感知事情发展的必然规律，尊重规律，真正活在当下，就能体验更多的幸福感。

因此，幸福的实质是一种意识状态，是人们在为理想奋斗的过程中以及实现了预定目标和理想时感到满足的状况和体验。幸福具有社会性，对幸福含义的理解因理想、追求的内容不同而不同。无产阶级把幸福建立在集体主义基础上，认为人们的幸福生活不仅包括物质生活，还包括精神生活；个人幸福依赖于集体幸福，集体幸福高于个人幸福；幸福不仅仅在于个人的享受，更在于劳动、创造和奋斗。

四、幸福需要勇于追求

（一）乐观自信、积极进取

作为青年学生应保持积极乐观的心态，增强自信心，树立远大理想，刻苦学习，努力工作，切忌好高骛远，要克服浮躁心理和过度的焦虑情绪，要学习并练习身心放松的方法，学习体验身心轻松愉悦的感觉。幸福是一种平和、宁静、和谐的心理状态，是一种平衡的状态，同时也是一种境界，需要进行练习才能够维持。心理平衡至少包括三个方面的平衡：一是客观社会现实与主观心理期望的平衡；二是自我与他人进行社会比较时的心理平衡；三是情绪活动与理智活动的平衡。

2010年"中国达人秀"冠军刘伟在小时候意外失去了双臂。2002年，在武汉举行的全国残疾人游泳锦标赛上，刘伟一举夺得了两金一银；2005年、2006年连续两年获得了全国残疾人游泳锦标赛百米蛙泳项目的冠军；19岁时，成绩优秀的他放弃高考，开始学习钢琴；2008年，他参加北京电视台《唱响奥运》节目，演奏钢琴曲《梦中的婚礼》，为刘德华伴奏《Everyone is NO.1》；2009年，他参加在广州举行的全国双上肢障碍者书画及才能展示活动；2010年，他参加东方卫视"中国达人秀"节目并获得冠军。刘伟这样说："我从来没有把我当什么特殊群体，就是你们用手做的东西，我用脚做，只是换了一种方式而已，没有不一样。""我能像正常人一样生活，养活自己，虽然我体会不到拥抱别人的幸福感，但我能够在琴声中感受到更多的幸福。""摆在我面前的只有两条路：要么赶紧去死，要么精彩地活着。""刚开始困难简直是一座山，但是后来通过努力拿到全国第一时，再回头看那困难只是一个小小的台阶。"

刘伟的事迹告诉我们，幸福不是等来的。

（二）心情平和、知足常乐

第一，对他人、对学习、对环境期望要适度，不可过于苛求。

第二，为自己确立一个适合现有能力的阶段性目标。

第三，身边拥有好朋友，情绪波动时适当宣泄。

第四，保持平和的心态，遇事切忌急躁冲动，学会调整心态的方法。

第五，在与他人意见不一致时，在不违背原则的前提下作出适当让步。

第六，关爱自己，善待他人。

第七，发展健康的志趣爱好，多进行有意义的娱乐活动和身体锻炼。

第八，培养自信、知足、感恩、豁达、通情、合作、分享的积极品质。

人生的道路上有花丛也必有荆棘，战胜挫折、历练意志，同样是一种经历。哈佛大学图书馆有这样一句话：享受我们不可逾越的痛苦。常言道：知足常乐。在《渔夫和金鱼的故事》中，那位老太婆如果提过两次要求后能够满足的话，她仍然很幸福，但是第三次老太婆已经"不高兴再当自由自在的女皇"，而"要当海上的女霸王"，并且要金鱼听她使唤。这个要求就太过分了，金鱼不但没有答应她的要求，还收回了以前送给她的一切。金鱼之所以这样做是它已经看出老太婆贪婪的心永远不会满足，也不会获得真正的快乐。

五、幸福是婚恋的美好追求

幸福感包含着美好爱情的成分，有爱情就会感到幸福。法国文学家司汤达认为：人人有享受人生幸福的权利，而获得爱情就是人生的一种幸福。车尔尼雪夫斯基提出：爱一个人意味着什么呢？这意味着为他的幸福而高兴，为使他能够更幸福而去做需要做的一切，并从这当中得到快乐，爱情的意义就在于帮助对方提高，同时也提高自己，唯有那因为爱而变得思想明澈、双手矫健的人才算爱着。还有人说：原始社会的爱情以生育为图腾，"你为我生"；中世纪的爱情框架是骑士救美人，"我为你死"；封建社会的爱情模式是才子多情，红颜薄命，"我们一块去死"，如"梁山伯与祝英台"、"罗密欧与朱丽叶"。而在当今社会主义国家的夫妻恋人关系应该向敬爱的周恩来总理讲过的那样：爱情就是彼此之间的互敬、互爱、互学、互助、互让、互谅、互慰、互勉关系。

爱情作为一种幸福的情感是需要去体验的，一般我们可以归纳为六种主观体验：第一，美感。一对情侣在恋爱的彼此交往中会被对方的气质、谈吐、举止以及相貌等特征感染，油然产生一种赏心悦目的快感。第二，亲切感。一种和谐、平衡、快乐与温馨的感觉。第三，荣誉感。当你的恋人有崇高的理想、坚定的信念、脚踏实地的目标和进取向上的优秀品质时，你会感到一种欣慰和荣耀。第四，尊重。尊重是需要层次中的高级需要，爱情关系可以提高一个人的自尊心，可以让你感觉到生活更有意义，因为爱情能够让你发现，其实你有着无人可比的独特性，你既有优点也有不足，但是你的独特性使你受到无比的尊重，爱情也显得更有价值。第五，通情。通情就是站在对方的立场去思考问题。人们对深爱的人常会有怜惜的感觉，经常会为对方考虑，如果对方受到挫折，我们会非常愿意为对方分担痛苦与挫折，把对方所受的苦当做自己所遭遇的苦难一样，或者更胜于自己的苦难，因为在爱情里，我们愿意为对方而牺牲自己的利益。第六，承诺。爱情是排他性的，亲密的男女关系是不能与他人分享的。爱情又是以婚姻为目标的，当爱情从不确定走向稳定后，需要以婚姻来继续发展，因此承诺具有重要的意义。

心理辅导活动：幸福大展台

1. 目的：通过活动使学生在一个"场域"环境中对过往的事件进行追忆和再认，理解幸福是一种满足的感觉，需要发现和体验，幸福也是可以分享的。
2. 方法：头脑风暴法。
3. 过程：每位同学在一张纸上写出一周内发生的五个事件，然后汇总在黑板上。全班同学依次/分小组在黑板上找出自己感到最满意的一个事件，然后与大家分享。

第二节　高职生恋爱面面观

那是一个秋日的下午，落日的霞光把大地涂成了橘黄色。在郊外的田野上，涟漪起伏的麦田中间，有一位亭亭玉立的女孩正在轻抚着金黄麦穗，远远望去就像金色托盘上的妙龄玉女。这时一列火车缓慢地画着圆弧驶来，突然，一个阳光男孩从车窗探出头来，向着那位女孩喊到："喂，你很漂亮！"女孩先是一惊，然后把右手贴在唇边，继而努力地将手伸向列车做出吹拂的动作，车上的男孩收到了这一缕轻轻的爱意。火车画完了美妙的曲线开始加速，男孩的身影越来越远，渐渐地融化在橘黄色的晚霞中……

青春是多彩的、诱人的，青春时光的每一刻都可能会撞击出美丽的火花。可能是好感，可能是喜欢，也可能是爱慕，只要你生活在太阳系中那美丽的蓝色星球上，一切都可能发生。

一、爱情与社会

瓦西列夫在《情爱论》中说："爱情是作为男女关系上的一种特殊的审美感而发展起来的，爱情创造了美，使人对美的领悟能力敏锐起来，促进对世界的艺术化认识。""爱情把人的自然本性和社会本质连结在一起，它是生物关系和社会关系、生理因素和心理因素的综合体，是物质和意识多方面的、深刻的、有生命的辩证体。"

（一）爱情的生物性意义

1. 爱情的生理因素

从统计学的结论分析，女孩一般在9.5—14.5岁之间，男孩一般在10.5—16岁之间逐步进入青春期。青春期既是童年与成年之间的过渡期，又是青年、壮年与老年的过渡期，标志着一个人已经初步达到性成熟并具备了生殖能力，是一件值得庆祝的事情。青年期的主要征兆就是内分泌的变化以及身高与体重的急剧增加。

青春期的第一特征是生殖所必需的器官逐渐完善。女性性器官的发育表现为阴道、卵巢、子宫等接近成人形；男性则为睾丸、前列腺与精囊的逐渐成熟。与此发展相适应的是性机能的成熟。女性成熟的基本征兆是月经，男性成熟的基本征兆是遗精。第二性征是和性器官无直接关系的性成熟征兆。包括生理变化、皮肤变化、声音的变化以及体毛的变化。这个时期小男孩逐渐变成了英俊潇洒的男子汉；小女孩逐渐出落成亭亭玉立的大姑娘。伴随着生理上的变化，男女学生还会出现意识方面的差别：男青年直率、雄心勃勃、大胆、争头精神强，对爱的要求强烈而且主动，喜欢接近美丽、聪明、活泼的女子；女青年则羞涩、腼腆、胆小、多愁善感、温文尔雅，对爱的要求被动，对被爱的要求强烈，喜欢接近可靠、成熟、体贴、有男子气的男生。这种男女性格和行为上的心理特征被心理学家称为第三性征，特指的是男性气质与女性气质的明朗化。传统观念认为男子气质的突出之处是刚强，女子气质的珍贵之处是温柔。随着时代的进展，气质的内涵也发生了较大变化。比如女学生中不乏热情泼辣、豪爽刚烈、精明强干者；男性中也涌现出不少刚柔相济、感情丰富、务实稳重者。

2. 爱情的心理因素

伴随着青年男女生理上的变化，在体内性激素的作用下，异性吸引、男女相悦就会自然地形成。特别是外观的变化引起了异性间复杂的心理需求。在目前快速发展的社会中，各种文化的传播以及青年学生各种交际活动的增加也使得高职生的交往空间得到扩展，不同的价值观发生融合与碰撞。但是就高职生群体的整体而言，无外乎以下几方面特点。

第一，自我意识发展。恋爱是高职生自我意识强烈的重要表现，爱情是高职生成长的自我发展与自我实现。在恋爱这个特殊时期，恋人间的相互评价具有重要意义。在高职生自我意识逐步形成与完善的时期，个体在恋人面前扮演着最重要的角色并影响着自我意识的形成与完善。自我意识发展水平较高的学生，有着积极的自我评价，在爱情中能够正确分析自我、评价自我和控制自我；而自我意识发展水平较低的学生，自我概念是建立在恋爱对象方面，当拥有爱情时认为自己是世界上最幸福的人，当爱情受到挫折时，则会自暴自弃甚至会否定自我。

第二，性意识增强。高职生对异性的好感变得清晰而直接，他们会通过各种机会与异性交往，他们对于自己喜欢的异性会大胆地表达出内心的情感。在交往中，在性意识的推动下会作出相应的表达，特别是"边缘性"行为，比如拉手、拥抱、接吻等，用以表达出自己的健康、成熟和爱意。多数性心理健康的学生在与异性交往中会自然、愉快、稳重，受到异性的喜爱；而性心理发展尚有欠缺的学生会觉得不自信，认为会被拒绝，缺乏安全感，不敢主动接近异性，甚至回避、退缩、冷漠和拒绝。高职生正处在青春期，性意识发展是否顺利对一生具有举足轻重的意义。

（二）爱情的社会性意义

1. 爱情的目的性

人类的爱情与社会的发展方向是一致的。家庭、私有制与婚姻在起源方面有着本质的联系。劳动不仅创造了人，而且创造了人类社会。人们在一定的社会关系中生存与发展，爱情与婚姻都属于社会现象。而且由爱情而缔结的婚姻关系是一种十分重要的社会关系，决定着人类的存亡。人类的爱情源于人类的意识，没有意识只有性不可能产生爱情。具体表现为人们可以预见、认识并按一定目的调整自己的性与情的行为；表现出富有幻想和迫切渴望获得对方成为自己终生伴侣的期待，一种渴望得到幸福的愿望，这种愿望主要表现为明确的动机，即渴望与对方成为相知相爱的亲密伴侣。

2. 爱情的道德感

道德感与理智感、美感构成了人类所独有的积极情感。反映着人类社会的善恶观。道德感总是和一定的道德准则相联系的，并具有一定的时代特点。比如对符合道德准则的行为感到敬佩、赞赏或自豪，对不道德的行为感到厌恶、愤恨或内疚等。人类社会把道德感融入了爱情婚姻关系，当一个人爱上一个人时，就意味着要承担除了激情之外的承诺、责任、义务等道德观念和行为准则。因此我们要将发展爱情当做最大的幸福，并为了维护这种情感做好积极履行义务的心理准备，然后再去追求爱情。当一个人体会到真正的爱情时，就会迸发出自我奉献的道德力量。

3. 爱情的审美观

在恋爱关系上存在着特殊的审美感，爱情创造了美又发展了美。从内心体验的角度分析，美感首先是一种愉悦的体验。例如健康英俊、亭亭玉立等直观感觉。其次，美感是一种带有好恶倾向的主观体验。美感表现了一个人对于美好人或物的肯定和对丑恶事物的反感，以及对完美再现事物的美或丑的赞叹。爱情所创造的美丽带着永恒性。作为高职生，身心越健康，性意识发展越完善，就会得到越多的被关注机会，正如生物学流派所说："男性喜欢更年轻、在生理上更有吸引力的女性，因为正是这些女性，能够引起男性的生理与心理唤醒；而女性也着重寻找能为她们的孩子提供物质来源的男性，这些男性的特征是身体强健，能引起女性的关注与关爱。"当然这种美不仅表现在外表的吸引，更是心灵深处一种持久的、出自内心的对美的鉴赏与表达。

4. 爱情的社会观

爱情不管在形式上还是内容上都是社会关系的反映，决定于社会发展的水平。恋爱双方之间的关系反映在生物、精神心理与社会的交互作用上，受到一定社会发展的制约。我国上世纪五十年代恋爱的基础是有共同的理想，要求志同道合。改革开放以来爱情价值观的多元化与我们社会文化发展的多元化紧密相关，爱情婚姻的功能更为复杂，人们对爱情的理解与把握也反映出多样性的统一，特别是作为当代高职生，对恋爱婚姻更有着不同的价值取向。

综上所述，爱情是一种人类特有的社会现象，是一定社会生产方式的突出表现，家庭是社会的基本单位和细胞，爱情的本质属性是它的社会性。

二、爱情与心态

（一）恋爱中的情

1. 爱情既是情绪又是情感

广义的情绪包括情感，是人们对客观事物与自身需要之间关系的态度体验，是人脑对客观现实的主观反映形式。情绪和情感具有两极性，每一种情绪和情感都能找到与之对立的情绪和情感。

第一，在快感度方面的两级表现为"愉快—不愉快"。这种感受和体验与个体的需要是否满足有着直接的关系，比如：快乐和悲伤，热爱和憎恨等。情绪和情感的两级一般是对立排斥的，二者可以在一定的条件下转换，所以我们可以通过诱发和培养积极愉快的情绪来控制或排斥消极不愉快的情绪。

第二，在紧张度方面的两级是"紧张—轻松"。个体情绪的紧张程度决定于面对情境的紧迫性、个体心理的准备状态以及应变能力。如果情境比较复杂，个体心理准备不足而且应变能力较差，人们往往容易紧张，甚至不知所措。如果情境不太紧急，个体心理准备比较充分，应变能力比较强，人就不会紧张，而会觉得比较轻松自如。情绪和情感的紧张程度对个体行为活动的效率具有重要的影响，一般来说中等程度的紧张效果比较好。

第三，在激动水平方面的两级是"激动—平静"。这种感受和体验在很大程度上反映了个体的机能状态。激动是一种强烈的、外显的情绪和情感状态，如狂喜、悲痛等，它是由一些重要的事件引起的。平静是指一种平稳安静的情绪和情感状态，它是人们正常生活、学习和工作时的基本状态。情绪激动对人的影响比较复杂，它既能够催人奋进，促使人的行为产生，也会阻止人的行为活动表现。

第四，在强度方面的两级是"强—弱"。强弱是划分情绪和情感水平的标志。例如，害怕有担心、惧怕、惊骇、恐怖等不同的强度，喜爱由弱到强可以划分为好感、喜欢、爱慕、热爱、酷爱等。情绪和情感的强度与个体面临的事件对自身意义的大小有关，同时也与人的行为目的和动机强度关系密切。情绪和情感的强弱可以反映或预测个体被支配的程度。强度越大，个体被情绪和情感支配的程度越高。

为此，在两极性多维度上不同程度的结合构成了人类复杂而多变的情绪和情感。个体的情绪和情感出现的各种状况，主要是由于个体不能有效地把某些情绪或情感维度控制在某一范围内造成的。爱情作为一种情绪和情感的具体内容，爱恨情仇五味杂陈，如何理智有效地控制调整自己的情绪情感是步入恋爱季节的学子们的重要课程。

2. 爱情既是给予又是获得

有心理学家把人类的爱分为 D 型与 B 型两种：D 型爱是以缺失为基础的，他们需要用爱的满足来填补自己所产生的空虚，这是一种关注自我的爱，价值取向为让爱满足自己而并不关注对方，但有意思的是它又是 B 型爱得以发展的基础。B 型爱是一种既关注自我同时又能给予对方的爱，以共同成长和"双赢"为目标。D 型爱的思维理念是"我需要你，因为我爱你"；而 B 型爱的思维理念则是"我爱你，因为我需要你"。

其实爱情既不是单向的给予也不应该仅是获得，男女双方爱情交互作用的过程就是恋爱。在恋爱的初恋、热恋以及谈婚论嫁确定终身的各个阶段，都体现了双方的奉献与获得。

在这里我们要知道恋爱双方所支付与获得的内容是极为丰富的。有物质的也有精神的；有即时的也有延缓的；有显性的也有隐性的；有对等的也有暂时不对等的。在这里我们要提示高职学生一点：爱情需要成本，爱情需要付出，爱情既有奉献，爱情也需回报。那种只为贪图对方金钱或美色的"爱情"不符合爱情的本意，只是打着"爱情"的幌子在欺骗自己。爱情如果是一座美丽的大厦，它必须要有坚实的立柱支撑，它们是理想、道德、理智、信任、责任、承诺、宽容、等等，一旦立柱不稳，多么美丽豪华的穹顶也会倒塌。

3. 爱情既有感性又具理性

爱情是人类所独有的感情，感情是由情绪与情感构成的。情绪是因身体感官接受外界刺激后引起的反射性变化而产生的生理反应，是人类与其他动物都具有的一种反应。情感则是人类所特有的心理现象，通常与人的社会性需要相联系。情感就是指情的感受方面，具有主观体验特性。高职生在学习活动中，男女同学总要发生各种联系，几年的学校生活会建立起各种人际关系，其中产生朦胧的或清晰的好感，甚至是喜欢或爱恋都是很正常的。美好的外貌、优良的品行、富有魅力的人格都会成为异性间相吸的诱因。但是，人类不仅具有感性的情绪体验并能在情绪上作出表达，更重要的是还具有理智。恋爱虽然是两个人的事，但又必然地表现为一种具有社会性质的行为。在法律与道德的框架内发展友谊、建立爱情是高尚的，违背了社会公德和法律规范将是对爱情的亵渎，而且很可能是损人又不利己的。

（二）恋爱中的性

1. 从性文化角度看待性

性行为是动物进行繁衍的手段和过程。世界卫生组织曾经给"性健康"下了这样的定义："性健康是情感中、理智中和社会中性的诸方面的集成，是积极地丰富和提高人类的相互交往和爱的方式。"性健康的基本含义体现在三个方面：

第一，具有良好的性知识，对性心理、性别差异等知识有正确了解。

第二，对异性间的正确交往没有由于恐惧和无知而造成的不正当态度或情绪。

第三，能较好地获得有关性方面的信息交流。

2. 从性行为特点看待性

人类的性行为既有生物性的一面，更具有人类社会道德、法律等人性特点。绝大多数高职生已经达到了《婚姻法》规定的结婚年龄，但是由于各种原因，目前在校高职生结婚的比例并不大，不过开始恋爱的现象非常普遍，因此出现了较长的性等待期。目前我国的主流文化并未认可高职生的婚前性行为，对高职生在大学期间的性行为仍然持否定性的评价。这主要是基于对高职生群体健康发展，特别是性心理和性生理的健康成长而考虑的。由于高职生的学习生活与交友特点使然，高职生的婚前性行为具有突发性、自愿性、非理性以及盲目性等特点。受学生的年龄、性经验、价值观的影响，一旦出现性行为，便会多次出现，会造成未婚先孕以及始乱终弃等不良后果。特别是有过婚前性行为的人婚姻满意度普遍低于没有婚前性行为者，而且婚前性行为还直接影响婚姻质量，有些学生会产生负罪感，也有的学生滋生享乐心理或互相推卸责任；"处女情结"也会影响今后婚姻的质量。

3. 从性医学角度看待性

医学上认为，和谐的性行为需要安全、私密、舒适的环境，而高职生的婚前性行为多数在突发的、隐蔽的状态下进行，一般难以保证卫生和环境的安全。男女双方会伴随有内心的紧张、恐惧、担心怀孕及不道德、羞愧甚至罪恶感，容易引起性反应抑制和性焦虑的产生，甚至会导致男性阳痿早泄和心因性性功能障碍；而女高职生还可能因怀孕而流产。甚至有的学生对对方产生依赖心理，对自己不负责任甚至自暴自弃，进而耽误学业。特别是一旦怀孕后，不能得到很好的就医、休息以及家人的照顾，由于集体住宿又担心被老师同学发现。另外由于环境的原因，很容易在过程中意外损伤外生殖器或引发多种并发症，甚至导致生命危险。

4. 从心理学角度看待性

婚前性行为在给双方带来快感的同时还会带来心理压力，出现恐惧、焦虑、自卑、心理冲突等负面情绪，当两个人出现性行为之后，双方更容易发生争吵，这可能是双方都没有察觉的问题。由于两性心理的差异，女性在有亲密行为后容易以身相许，希望与对方走向婚姻，性行为使女性心理上的优势转化为劣势；而对男性而言，婚前性行为会提高他们的心理优势，使他对容易到手的东西产生厌倦而不承担由此带来的义务，对女性造成更大的心理伤害。

5. 从高职生身份看待性

高职生将是国家建设的栋梁，按照国家的期待应成为"高素质人才"，应符合社会主义核心价值观的基本要求，因此性文明、性道德是高职生群体的基本政治思想素质和高尚的人生价值取向。马克思说过："真正的爱情表现在恋人对他的偶像采取含蓄、谦恭甚至羞涩的态度，而绝不是表现在随意流露热情的过早的亲昵。"高职生一定要杜绝享乐主义、杯水主义和极端个人主义的不良思想观念，在爱情观方面要做社会的楷模。

6. 从学生性角色看待性

所谓性角色观念，是指对性角色的认同、看法和态度等，而性角色则是指在社会生活中由于性别不同而造成的角色差异。也就是在性的方面为一定的社会、文化（包括伦理）所期待的一系列人格特征。性角色常常由男女两性的生理、心理特征以及风俗习惯等决定，如在社会分工中，有些活动通常由男人承担，有些活动通常由女人承担。在青少年时期，具备和确立正确的性角色观，对于青春期性健康有着重要意义。

高职生要对自己的性角色给予正确的认知。青春期性心理健康中的"性角色"观念不仅与青春期性生理、性成熟过程密切相关，而且与青春期的心理发育、道德发展阶段相平行，与社会的、文化的、道德的行为一样，包含着青年的价值观、世界观、人生观等内容。青春期的性角色观念如何，影响到青年的学习、工作、生活、事业、人生诸多方面。帮助引导处于青春期的青年确立正确的青春期性角色观念，对于青年的人格塑造有着重要的意义。因此，有必要进行青春期的性角色观教育。

青春期性角色认同包括两个方面。

第一，性角色行为。这是高职学生具备了那些社会期待于自己的性别应有的行为、性格和态度特征，即性角色期待的实现程度。在社会生活中，有许多方面都表明了由于性角色不同而造成角色行为和角色期待的不同。例如，"男儿有泪不轻弹"这句古语，因为是男同学（性角色），所以不轻易流泪（角色行为），这种行为在一定程度上反映出这一性角色的性格特征。性角色学习，在个体发展初期主要是通过父母强化而进行的。如男孩子应该如何如何，女孩子应该怎样怎样，在个体发育后期开始的性角色行为学习则逐步过渡到基于本人自身的意愿，带有自发性、能动性的学习，也可说是通过本人选择对象而进行的观察学习，或是基于自己的性角色而进行的积极认同。在长期的生长发育过程中，从衣着打扮到行为举止，父母总是按照男性与女性的常规要求加以诱导和教育，体现了人们所期待的性别角色。在个体发育后期，性角色行为学习主要是通过本人选择的典型对象而进行的认识学习。在性心理角色方面，已知道了性别角色一些约定俗成的习惯和规则，在心灵上引起强烈的触动，通过性角色的自认和观察模仿及外界对于性角色行为的奖励和期待，自己依照性角色的要求，在实践中实现性角色的定型行为的塑造，并逐渐在心理上形成性角色的行为定型。

因此，青春期性角色行为的发展，总受其内在制约，是更具有能动性和主体性的自我形成过程。

第二，性角色的同一性。是指青少年对自身男性特质或女性特质进行的自我评价和认识。这是树立健康的性角色观念很重要的方面。一个人在生物学上的性，和他在心理学上的性别、社会学上的性角色并不总是一致的。一方面，他的气质和性角色行动表现要符合人们通常的看法；另一方面，是"性别自认"。这两个方面的问题便属于性别同一性的问题。

一个人的气质和性角色行为表现要符合人们通常的看法，即是"性别的他认"。千百万年以来，随着人类社会的出现，人们对不同的性别有不同的气质要求和角色期待。人们一般认为，男人应该有"阳刚之气"，女人应该有"阴柔之美"，看不惯那种男不男、女不女、阴不阴、阳不阳的作为。这是为什么呢？这主要涉及"性度"问题。在性心理学上有个"性度"的概念。性度可分为"男性度"和"女性度"两个方面。所谓"男性度"，就是男性特点在某人身上所占的比重；所谓"女性度"就是女性特点在某人身上所占的比重。一个男人，如果男性度很强，即男性特点表现得很明显，那么，人们就感到他充满了男子气，而如果女性度超过了一定范围，人们就认为是"女人气"了。同样，对于女子来说也是如此。

三、爱情与气质

（一）恋爱选择的意志品质

意志是指一个人自觉地确定目的，并根据目的来支配并调节自己的行动，克服各种困难，从而实现目的的心理过程。意志是人类特有的心理现象，是积极的能动的。人在反映客观世界的过程中，不仅接受内外刺激的作用，产生认识和情绪情感，而且要采取行为，反作用于客观世界。影响恋爱选择的意志行动会存在一些动机冲突。

1. 双趋冲突

高职生在恋爱的过程中往往容易出现"鱼，我所欲也；熊掌，亦我所欲也"，但两者不可兼得时的内心冲突。个体在意志行动中同时有两个并存的目标，而且这两个所欲达到的目标对其具有同样强度的吸引力和能引起同样强度的动机。但个体由于条件、环境的限制而无法同时获取两个目标，在心理上便会产生难以作出取舍的冲突情境，这时必须作出强迫性的、非此即彼的选择，优柔寡断则结果可能一个都得不到或造成对心理的伤害。

2. 双避冲突

高职生既害怕由于恋爱影响学业，又害怕失去对方，这就是双避冲突。摆在高职生面前的情形正可谓"前有伏兵后有追击"。这正是人们平时所说的"两难心理"。

3. 趋避冲突

高职生在与异性交往中，早谈恋爱可以满足情感的需要但是怕不够稳妥；晚谈恋爱可能时机已经比较成熟，但是又担心错过机会而没有心仪的恋爱对象。

（二）恋爱选择的几种假说

如果说恋爱双方有"般配"之说，或者要考虑他（她）是不是我喜欢的类型的话，我们可以引用一些心理学家研究的成果作为参考，同时收集了一些高职学生中流传的娱乐、幻想中的匹配说法展示给大家，并作出了供学生们思考的提示。

1. 高级神经活动类型说

俄国生理学家巴甫洛夫把人的高级神经活动分为四种类型，也就是人们常说的四种气质类型，详见下表：

高级神经活动类型	强度	平衡性	灵活性	行为特点	气质类型
不可遏制型	强	不平衡	-	攻击性强，易兴奋，不易约束，不可抑制	胆汁质
活泼型	强	平衡	灵活	活泼好动，反应灵活，好交际	多血质
安静型	强	平衡	不灵活	安静、坚定、迟缓、有节制，不好交际	黏液质
抑制型	弱	-	-	胆小畏缩，消极防御，反应强	抑郁质

2. 体型说

体型说是由德国精神病学家克瑞奇米尔（E. Kretschmer）提出来的。他根据对精神病患者的临床观察，认为人的身体结构与气质特点有一定的关系，因而他提出了按照人的体型划分人的气质类型。克瑞奇米尔把人的气质分为三种类型：第一，肥胖型。这种人身材短胖，圆肩阔腰，易患躁狂抑郁症；气质特点表现为：好社交，通融，健谈，活泼，好动，表情丰富，情绪不定，气质类型为躁郁型气质。第二，瘦长型。这种人高瘦纤弱、细长、窄小，易患精神分裂症；其特点表现为：不善社交，内向，退缩，世事通融，害羞沉静，寡言多思，气质类型是分裂型气质。第三，筋骨型。这种人骨肉均匀，体态与身高成比例，易患癫痫病；其特点是：正义感强，注意礼仪，节俭，遵守纪律和秩序，气质类型为粘着性气质。

美国心理学家谢尔顿同样是体型说的代表人物之一。他从胚胎学角度把人分为三类：内胚叶型（柔软、丰满）、中胚叶型（发达、健壮）和外胚叶型（高大、细瘦）。内胚叶型相当于肥胖型；中胚叶型相当于筋骨型；外胚叶型相当于瘦长型。他认为气质与体型之间确实存在某种相关，而这种相关可能来自于社会对各种体型者的不同态度，并不能科学地说明体型和气质之间的联系。

3. 血型说

日本心理学家古川竹二将ABO系统的四种血型和四种气质类型联系在一起，提出了"气质的血型说"。他根据血型把人的气质划分为A型、B型、O型和AB型四种，并分析了它们的特点。

A型人精明、理智、内向，不善交际。沉思好静，情绪稳定，忍耐力强。具有独立性，易于守规。做事细心谨慎，但不果断。责任心强，固执。感情含蓄，注重仪表，但不新奇，是处理家务的能手。

B型人聪明、活泼、敏捷、外向、善交际。兴趣广泛多变，精力分散；大事故少，小事故却不少，行动奔放，不习惯束缚；易感情冲动，热心工作，不怕劳累。缺乏细心和毅力。动作语调富于感情，易引起他人注意。爱情上，女性比男性主动。

O型人外向直爽，热情好动，富于精力，爱憎分明，见义勇为，有主见，主观自信，急躁好强，有野心；易激发感情。说话易用教训人的口气，易得罪朋友；动作粗犷，不灵活，不易做耐心的工作；爱情上多属主动，易被别人爱，也易接受别人的爱。长寿者多。

AB型的人属于复合气质类。机智大方，办事干净利落，冷静、不浮夸。行动有计划，喜分担责任。兴趣广泛。因倾向不同，有的人有领导能力，有的人则沉默寡言、满腹心事，待人接物缺乏经验、易吃亏。

当然，这种理论仍然需要进一步的科学论证。

4. 性格说

性格是个体在对现实的态度及其相应的行为方式中表现出来的稳定而有核心意义的心理特征，是一个人经常表现出来的如何对人、对事、对物、对自己的基本特点。是一个人心理面貌的本质属性的独特结合，体现为人与人之间相互区别的主要方面。

性格的态度特征，是个体在对现实生活各个方面的态度中表现出来的一般特征。个体态度的对象是多方面的，性格的态度特征也具有多方面表现。第一，对他人、集体和社会态度的特征。比如：爱祖国、爱人民、爱集体、诚实、正直、有礼貌、大公无私、诚恳、坦率、有同情心等；与此对立的态度特征有自私自利、虚伪、粗鲁等。第二，对工作的态度特征。比如：有责任心和进取心、敢于创新、勤奋、认真细致等；与此相对立的态度特征有不负责任、懒惰、安于现状、墨守成规、粗心大意等。第三，对自己态度的特征。比如：自信、自尊、自强、自制、谦虚、严于律己等；与此相对立的态度特征是自卑、羞怯、自暴自弃、自我放纵、骄傲自满等。

瑞士心理学家荣格（C. G. Jung）依据心理活动的倾向性，按照个体心理活动是否外露等特征，把性格分为内向型和外向型。外向人的特点表现为：心理活动倾向于外露，社会适应能力强，对人对事都能很快熟悉起来；表情丰富，活泼、开朗，情感外露，易激发情绪，不善隐饰自己的思想和情绪；善交往，好交际，不拘小节，不太注意客观环境的反应；喜欢自由，缺乏谦虚态度；反应敏捷，动作迅速；好动但不太多思考，做事不太精细。内向人表现为：心理活动倾向于内敛，不易适应环境，社会适应能力弱；不轻易相信别人，不善与人交往，思想和情绪不易外露；愿独处，沉静、孤僻，喜欢安静；反应敏感、迅速，处事谨慎，往往心胸狭窄，不宽容人，多思虑，好疑心，冷静，办事稳妥。

霍兰德（J. L. Holland）按照性格与职业选择的关系将性格划分为现实型、研究型、艺术型、社会型、企业型、常规型六种类型。

5. 星座说

在学生中，还经常用星座来分析一个人的特点，但是它仅仅是一种游戏。人的出生日期与性格特征是没有必然联系的，只是由于我们很容易受到一些暗示，才会相信某些偶然的联系。也就是说这种联系不是必然出现的，而是可出现可不出现，可以这种方式出现也可以另一种方式出现。所以不要轻信星座说，它是一种"占星学说"，而不是科学原理。

心理辅导活动：

1. 目的：通过活动使学生在一个特定环境中对爱情取向加以理解并进行沟通，培养学生在家庭伦理道德的范围内，对未来的婚恋进行思考和设计。

2. 内容：婚恋取向。

3. 过程：教师将比较典型的恋爱类型、婚恋的内容维度展示在多媒体上，同学可以参考老师提供的内容，结合自己原有的认知，提出自己的观点。既可以采取正方与反方进行辩论的形式，也可以按照性别分组进行沟通，最后师生总结出若干种类型供大家借鉴，同时对偏离主流的观点，提出协商性建议。

第三节　高职生爱与被爱的学习

那是一个雨后的下午，不知是谁用画笔在湛蓝湛蓝的天际描上了一抹淡淡的彩练，校园里那挂着雨滴的垂柳叶子上，好像镶满了七色珍珠。然而一阵风过后，天空那绚丽的彩练不知飘落在何处，让那嫩柳黯然失色。雕是学校一位高年级学生，由于马上要考试，已经一个多月没有回家了。这一天是星期六，别的同学都离开了学校，整日温习功课的雕，低着头疲惫地走进垂柳林。"你想踩到我吗？"一个轻柔的声音让雕止住了脚步，原来是一位女生端坐在柳林尽头的石头凳子上，雕一下子愣住了，是因为冒失，因为突然，还是因为那珠圆玉润的声音，这一晚，雕失眠了……后来他们认识了，她叫鸿。再后来他们常在一块儿，雕有些忘乎所以，可就在不久之后的一天，还是在那柳林中，鸿对雕说："别单独在一起了，我觉得我们不合适。"雕一下子惊呆了。

其实雕没有"失恋"，因为他根本没有在恋爱，恋爱是在酝酿婚姻的美酒，是准备构筑爱巢的大厦，这些他们可能没有想到，可能也没有能力去想；而相貌的快悦、新鲜的感觉、莫名的心跳只是一种好感，甚至彼此的"放电"只是发生在异性之间的友谊和青春的萌动，因而谁对这种友谊都不用承担"专一"的承诺，当然也不存在"分手"与"重圆"，那只是雨后天空的一抹彩虹。

一、当爱突然降临的时候

（一）恋爱是一种成长

高职生对于性的态度有以下特点和矛盾冲突。

1. 渴望了解性知识

进入大学，高职生更加积极主动地关注自我发展，也包括自身的生理与心理。由于个体家庭教养方式、成长环境及个体差异的存在，对性意识的关注也不尽相同。有的大学新生对性知识的了解较少，渴望通过科学的途径了解自身。有的学生通过自慰行为解决自身的性冲突。有的学生因性知识匮乏而带来不必要的心理焦虑。

2. 性冲动及其释放

性冲动是指由于性刺激引起大脑皮层的活动，产生性欲，再通过大脑皮层向身体组织发出指令。性冲动是一个健康、正常的人自然和本能的行为表现。性冲动不一定导致性行为的发生，人可以通过意识调控性行为。人有社会性，要遵守社会行为准则，要讲人格和尊严，尊重他人意愿和抉择，人对社会有责任和义务，要受法律约束。在心理尚未成熟前要尽量减少性刺激，不接触黄色、淫秽读物，锻炼理智和克制能力。

3. 性冲突和性压抑

一方面，生长趋势使性发育年龄不断提前；另一方面，学业需要和事业及社会环境的要求使结婚年龄不断推后，出现漫长的"性等待期"。与此同时，日益开放的社会文化既满足了高职生对性的了解与渴望，又使高职生性的冲突加剧。

在繁重的学业任务与就业压力及校纪校规的约束下，高职生的性不可以也不被允许自由地发挥。事实上，适度性压抑也是社会文明与进步的体现。但性压抑不是一味地压制，而是通过适当的释放、转移、升华得到合理的疏导。

4. 渴望性体验

高职生更加渴望与异性交往。在男女交往过程中，由于性激素的作用，恋爱双方的亲吻和抚摸都会引起性欲望和性冲动。感情的闸门在巨大的性压力下显得极其脆弱。对此，有的人会通过自慰行为如性梦、梦幻想、性自慰加以调节，而有的人则选择了真正的性行为。

高职生在恋爱过程中通过解决以上矛盾冲突，使心理得到不断成长。

（二）恋爱是一种能力

恋爱中的双方都要具备以下三种能力。

1. 尊重你爱的人

恋爱既是两人心灵的共鸣，又是自我成长，是使双方积极的潜能发挥而非按照某种愿望或标准塑造对方，使其成为你希望的那样。事实上，每一份爱情中都包含着期待效应，对方都在向着彼此喜欢的方向发展。这就要求我们更加尊重自己所爱的人，让对方在爱的港湾中自由发展，以他（她）自己喜欢的方式发展自我。

2. 帮助对方积极发展自我

恋爱唤醒沉睡的心灵，积极的恋爱使个体潜在的心理能量得以释放，为所爱的人努力。爱也是积极向上的精神力量，催促着相爱的两个人向着更好的方向发展，更加努力地自我完善、自我发展，而非自我束缚、自我放纵。重要的是将爱情引向积极的有利于人类发展的方向。

3. 共同创造美好未来

真正的爱是内在创造力的表现，包括关怀、尊重、责任心、了解等，爱不是一种消极的冲动，而是积极追求被爱人的发展和幸福，这种追求的基础是爱的能力。正如爱克哈特所说的："你若爱自己，那就会爱所有的人如同爱自己。"爱他人是与你爱的人共同创造美好生活的能力。

（三）恋爱是一种幸福

恋爱是一种幸福体验，即使是不成功的恋爱也存在着幸福的因素。恋爱是否可以成功有许多因素是需要把握的。在这里我们重申幸福既是一种体验更是一种创造的理论，强调高职生要提高把握管理控制自己情绪以及对方情绪的能力。

美国爱荷华大学的传播学教授史蒂文·达克在《日常关系的社会心理学》一书中提出"爱情"可能不是一种情绪而是几种情绪的组合，它至少是由几部分组成的，一些是好情绪，一些是坏情绪。

斯滕伯格的爱情三角理论认为爱情包括三种成分：亲密、激情和承诺。

亲密是指与伴侣间心灵相近，互相契合，互相归属的感觉，属于爱情的情感成分。

激情是指强烈地渴望与伴侣结合，促使关系产生浪漫和外在吸引力的动机，也就是与性相关的动机驱力，属于爱情的动机成分。

承诺则包括短期和长期两个部分，短期的部分是指个体决定去爱一个人，长期的部分是指对两人之间亲密关系所作的持久性承诺，属于爱情的认知成分。

只有亲密的爱只是喜欢，仅有激情的爱是一种迷恋，仅有承诺的爱是一种"空洞的爱"。激情与承诺结合是迷恋的爱，激情与亲密结合是浪漫的爱，承诺与亲密结合是伴侣的爱，三个维度结合在一起才是圆满完美的爱。三角形的面积代表爱情的质与量，随着认识的时间增加及相处方式的改变，三角形的面积越大，爱情就越丰富。

有心理学家认为爱情在表现形式方面反映出以下六种类型。

1. 性本能（浪漫）型的爱情

集中于美貌和身体吸引，是一种以性爱为中心的爱情，希望得到回报。非常相信一见钟情，对恋人身体方面的瑕疵特别敏感，像超重、脚臭或牙齿不整齐等，恋人的身体是吸引他们的主要原因。

2. 嬉戏（游戏）型的爱情

迷恋于调情，使恋人总是猜不准其负责任的程度。娱乐停止了，关系也就结束了。他们能轻易、迅速摆脱风流韵事，喜欢玩弄异性，明明知道自己不喜欢对方，但仍与之经常来往。

3. 友谊型的爱情

爱情基础是照顾对方而不是性爱，非常相信爱情是从友谊发展而来的，情人必须具有相似的兴趣，喜欢同样的活动。爱情是随着另一方的尊重和关心而增进的。他们能够忍受长期的分离，而不觉得关系会受到威胁，他们不像嬉戏型爱情中的恋人那样，在关系中寻求感官刺激。

4. 实用主义（理智）型的爱情

实用主义的爱情是实际的，基于这种信念：一种关系必须有用处。高度重视实用型爱情的人，会考察恋人是否会成为一个好父亲（或好母亲），他们还会顾及恋人未来职业的前景。实用主义型的爱情，考虑恋人的背景和特点，诸如宗教、政治和癖好等。

5. 狂热（占有、依赖）型的爱情

这样的爱情基本上是一种易变的、焦虑的爱情，它具有强迫性和占有性，而且担心被抛弃。狂热型的恋人嫉妒心非常强。他们认为如果恋人忽视他们或者拿他们不当回事，那么生病或做傻事就可以重新引起恋人的注意；他们也认为，如果关系僵了，就可能患胃病一类的疾病。

6. 奉献型或无私型的爱情

此类爱情是无私的，有同情心的，而且一般是无条件地爱上一个人。双方都认为应该运用自己的力量帮助对方渡过难关，而且即使恋人与别人有了孩子，也能帮助照料，如同己出。尽管许多人听说过此类爱情故事，但这种纯粹的奉献或无私型的爱情相对来说是比较少见的。

两个人谈恋爱的过程就是一个磨合的过程，需要在价值观、兴趣爱好、脾气性格、生活习惯等方方面面进行适应和包容，实现共同成长，其中包括对恋爱类型的理解和认同，而不是以自我为中心，企图支配对方甚至把自己的全部价值观强加于对方。以上六种类型只是一种参考，其实相同类型的恋人可能会很幸福，不同类型的恋人也会互补和相容，反映出丰富多样性的美感，同样会得到幸福。当然不管类型是否一致，关键在于两个人共同经营。

（四）恋爱是一种文明

1. 恋爱只是婚姻的准备

婚姻后的性行为是社会伦理与现行法律保护的行为。高职生的恋爱应该体现一种文明，社会不提倡婚前的性行为，但是通过对在校高职生的问卷调查结果发现，确实有相当数量的男女学生对恋爱中出现性行为表示认同。其实不管从恋爱道德方面还是从男女双方的生理、心理层面来看，婚前性行为都是弊大于利的，从传染病学的角度上看，甚至存在一定危险。

2. 性病源于不洁性行为

1975年，世界卫生组织规定凡经由各种性接触而传染的全部疾病都称为性传播疾病。除传统的性病之外，近年来迅速蔓延的艾滋病、生殖器单纯疱疹（Ⅱ型疱疹）、滴虫性尿道炎、乙型肝炎、非淋菌性尿道炎、尖锐湿疣、阴虱、疥疮、阴道及外阴部念珠菌感染、沙眼衣原体感染及志贺氏菌引起的胃肠道感染，也被包括在性传播疾病内。在国外，列入性传播疾病的病种已多达20余种，而性接触传播是最主要的途径。性行为包括各种可能形式的粘膜与皮肤的接触，包括口对口、口对生殖器、口对肛门、生殖器对生殖器、生殖器对肛门、口对皮肤、生殖器对皮肤。据报道，男性淋病患者与正常女性性交1次，女性被传染的可能性达60%—90%；反之，正常男性与女性淋病患者性交1次，被传染的可能性为30%—50%。特别要注意的是：在艾滋病患者、同性恋者和多性伴之间的性接触中，受传染的危险性加大。有报道称，单次性接触传播艾滋病病毒的危险性较低（1‰—1%），但同时患有其他性传播疾病，特别是伴有生殖器溃疡的性传播疾病（如梅毒、软下疳等），可使单次性接触的感染危险性增加10倍—20倍。目前，药物成瘾者或吸毒者使用污染的针头、注射器也可导致艾滋病的传播。在美国，药瘾者中艾滋病抗体阳性率达87%；在我国，静脉吸毒者公用注射器和针头导致了局部地区艾滋病病毒的蔓延和流行。据报道，艾滋病患者的精液、唾液、泪液、乳汁、尿液、阴道分泌物中均含有艾滋病病毒，其中以精液中病毒含量最高。

3. 性病对心理的影响

出现性病以后，不仅在身体上会影响学生的健康，在心理上的影响也是重大的，一般会出现以下方面的心理问题。

第一，羞耻感。性病多与淫乱有关，故性病被视为"脏病"、"见不得人的病"，性病患者往往羞于以病示人。女性患者羞耻感更甚。

由于这种心理的影响，患者最希望在不为人知的情况下尽快把性病治愈。在性病早期，某些患者羞于就医，而自查有关书籍，自我诊治，滥施医药，往往造成病情延误甚至变化，在不得已而去医院就诊时，则羞于启齿，避重就轻，不肯详述病史，或编造病史。这不利于医生作出及时正确的诊断与治疗。正确的行为是患者要实事求是地讲述病史，接受检查，以得到及时、正确的治疗。

第二，负罪感。目前性病多由不洁性交所致，患者对陷于疾病状态是有责任的，当事人因此而产生负罪感，加之患性病后不仅有躯体不适，而且有异常痛苦的内心体验，使患者产生了后悔心理。这种心理有积极的一面，可使患者从此洁身自好，杜绝不洁性行为，有利于性病的防治；消极的一面是若这种心理发展到极端可致患者走向绝路。

第三，恐惧感。首先是对性病本身的恐惧。这种心态的产生源于对性病的错误认识，就目前的医疗水平而言，除艾滋病外，大多数性病经过规范治疗，完全可以治愈并且不留后遗症。但由于社会上某些宣传过分夸大了性病的危害，使一些性病患者视性病为绝症，担心性病难以治愈，对自身造成严重的永久性损害。未育者担心造成不育或后代畸形，有些患者则担心影响性功能。其次，担心性病传染给家人。有些患者不了解性病的传播途径，担心一般的日常接触会把性病传染给家人。整日忧心忡忡，不停地洗手，每天洗外阴。严重的可发生强迫症等心理障碍。再次，担心老师和同学知道自己的病情而使自己身败名裂。这类患者多求治于游医、个体诊所，或异地求医。就诊时往往编造假姓名而不利于性病的疫情监测及患者的随访。最后，恐惧心理导致机体长期处于警觉紧张状态，使机体抵抗力下降，不利于性病患者的康复，还可能引起食欲不振、失眠、心因性阳萎等症。

4. 避免感染性病的方法

性欲是人的基本欲望，在某些情况下总会有些人禁不住引诱而发生婚前性行为和同性恋行为。那么万一已经出现了性行为就要有效地作好身体预防。一方面要避免怀孕，另一方面要避免性病。

第一，要使用避孕套，即男子用的阴茎套、保险套。这种办法简单而可靠。

据研究者统计，使用避孕套性交，可使传染病的传播几率下降90%以上。这是因为各类性病最容易通过生殖器直接接触传染，避孕套隔离了双方的生殖器皮肤粘膜，从而大大降低了大多数性病的传染几率。还要事先检查并确认避孕套没有漏洞，排除气泡，正确并全程使用避孕套。

第二，性交前涂抹外用药膏，如肤轻松软膏、红霉素软膏等。根据性病专家观察，最为有效的是醋酸肤轻松软膏。它原是一种治疗皮肤病的外用药，现在发现，它对预防淋病、非淋菌性尿道炎和阴道炎、尖锐湿疣等几种性病效果颇好。据分析，醋酸肤轻松软膏之所以能阻止性交时传染性病，原因有三：一是油膏增加了阴道的润滑性，从而减少了生殖器皮肤粘膜损伤的几率；二是药物覆盖了生殖器表面，起到了保护层的作用，降低了双方皮肤粘膜直接接触的机会，从而减少了传染几率；三是醋酸肤轻松有直接杀死某些病菌和病毒的作用。因此使用时要充分涂抹阴茎和阴道。

第三，性行为之后采取的补救措施。首先，性交后要及时清洗阴茎、阴道、阴部以及手与口。因为各种性病病原体传到对方身上后，需要相当长的时间才能进入皮内繁殖和感染。如果清洗及时，就可能在病原体尚未"站稳脚跟"时将其清除。尤其是阴虱，它只是寄生在阴毛区域内，并不在阴茎或阴道内外寄生，只有靠及时清洗才可能及时清除。需要注意的是，要及时、仔细、反复地清洗，而不是草草冲洗。其次，用食醋或5%的醋酸（乙酸）冲洗阴道、阴茎以及可能沾上对方分泌物的部位，也是一种比较有效的补救措施，对淋病、非淋菌性尿道炎和阴道炎、尖锐湿疣有效。顺便指出，如能在性交前先用食醋清洗阴道则效果更好。再次，口服药品。一般在性交后24小时内使用有效。如强力霉素片，每次口服0.1克，每天2次，连服7天；红霉素片，一次口服0.1克，每天3次，连服7天；如有可能去医院做肌肉注射，一次0.25克，头孢三嗪针则更好。这三种药同时使用可防止染上梅毒、淋病、非淋菌性尿道炎和阴道炎等几种主要性病。特别要指出的是，一旦发生了不洁性行为，即使采用了上述预防措施后，几天内仍要注意自己的身体变化。如果出现尿频、尿急、尿痛、白带增多、尿道流脓、腹股沟淋巴结胀大、生殖器疼痛或出现疱疹、丘疹、溃疡，一定要及时去医院检查治疗。除艾滋病外，各种性病都是早期急性期时容易治疗，拖成慢性后，治疗就比较麻烦。

二、当爱悄悄流走的时候

（一）欲进不得欲罢不忍

高职生的恋爱带有突出的年龄和角色特点。第一，高职生恋爱特别是初恋，具有情感纯净、纯粹、纯美的特点。高职生恋爱的情形就如同琼瑶笔下的男女主人公。他们没有现实生活的各种现实压力，男女伴侣之间的"第一要务"就是纯真的、无暇的爱恋。但是似乎爱情在理想中永远是丰满的，而现实却是非常的骨感。第二，高职生在恋人的选择上，更重视精神层面的相互认同，而世俗生活中的经济条件、门第等婚恋要素对高职生影响不大；高职生们只追求最纯洁地爱过。第三，高职生恋爱的冲突性。高职生面临自身发展的压力，如继续升学、就业、创业、家庭状况、人际交往等。这些因素对恋爱的双方都是巨大的心理与意志考验。第四，高职生恋爱表达的机缘性。高职生们相信彼此之间的缘分，当面对无法解释的情感纠葛时，学生们会以缘来缘去解释情感的变化。第五，高职生恋爱理性与感性并存。高职生在选择自己的恋人时，既有感性的冲动也有理性的思考，但往往在开始交往时感性大于理性，两人共处时注重的是如何体验快乐的感觉；而随着交往加深则相反，他们更会考虑对方是否能够得到家长的许可，能否厮守一生。但是由于高职阶段学业比较繁重，恋人之间对未来生活的规划显得心理准备不足，特别是高年级学生在面临职业选择等人生重大课题时，往往由于恋人之间不能够相互认同而各奔东西。第六，传统的爱情理念在今天的高职生恋人中受到一定挑战。高职生们更重视爱情的交换性和物质性，他们的恋爱比较现实，目标比较纯粹。基于以上原因，高职生们在"鱼和熊掌都希望得到"的时候往往对自己的恋爱对象举棋不定，同时又欲进不能欲罢不忍。

（二）失恋原因种种

1. 单恋

单恋也是我们经常说的单相思，是指一方对另一方的以一厢情愿的倾慕与热爱为特点的畸型爱情。单恋多是一场感情误会，是"爱情错觉"的产物。"爱情错觉"是指因受对方言谈举止的迷惑，或自身各种主观体验的影响而错误地主动陷入爱河，或因自以为某个异性对自己有意而产生的爱意绵绵的主观感受。"爱情错觉"导致一厢情愿式的单恋，俗称单相思。单相思有两种情况：一种是毫无理由的"单相思"，对方毫无表示，甚至对方还不认识自己，而自己执著地爱对方，追求对方，这种恋爱，是纯粹的"单向"；另一种是自认为有"理由"的单相思，错认为对方对自己有情，于是"落花无意"变成"落花有意"，这是假"双向"，真"单向"。

单恋较多地出现在性格内向、敏感、富于幻想、自卑感强者身上。首先是自己爱上了对方，于是也希望得到对方的爱，在这种弥散心理的作用下，就会把对方的亲切和蔼、热情大方当做是爱的表示并坚信不疑，从而陷入单恋的深渊不能自拔。单恋者固然能体验到一种深刻的快乐，但更多体验到情感的压抑，因为他们无法正常地向自己所钟爱的异性倾诉柔情，更不能感受到对方爱意的温馨。

要避免单恋带来的伤害，首先是要避免"恋爱错觉"，学会准确地观察和分析对方的表情，用心明辨；要重视其反复性，某种信息的经常出现可能意义很深，而一两次就不足为凭了；不要强化内心中形成的一见钟情式的浪漫爱情。一旦单恋已然发生，要鼓足勇气，克服羞怯的心理，大胆地表达自己的感情，如果被接纳，爱的快乐就取代了等待的痛苦；如果是"落花有意，流水无情"，则应该面对现实，勇敢地抛弃幻想，用理智主宰感情进行转移，通过思想感情的转换和升华来获取心理平衡。其次，当向对方表达遭到拒绝时，要用理智克制自己的情感，爱情一定是两心相悦的，强扭的瓜不甜，这种理性、客观、冷静的考虑也是自身未来幸福快乐的源泉。

2. 错恋

第一，偶像化的爱情。一个没有达到产生高度自我知觉的人，倾向于把自己所爱的人"神化"，将自己的力量异化并把自己的力量反射到他爱的人身上，将他爱的人当做一切爱情、光明与祝福的源泉而崇拜对方。这一过程中，人失去了对自己力量的觉悟，在被爱者身上失去了自己，而不是找到自己。从长远观点看，没有一个人能符合崇拜者的心愿，当然不可避免地会出现失望，而解决这一问题的方法是寻找新偶像——这种偶像式的爱情在最初的体验是强烈性与突发性。这种爱常常被看做是真正的与伟大的爱情。恰恰是这种所谓的强烈性和深度却表现了那些恋爱者的饥渴和孤独。

第二，完美的爱情。这种爱情的本质只能存在于想象之中，而不是存在于同另一个人实实在在的结合之中，这种爱情往往是用代用品使自己满足；另一种表现是将现实推移过去。我们常常将恋爱的对方想象得极其完美。特别是校园爱情被称为"真空爱情"或"玻璃爱情"，就是因为高职生扩大了爱情的完美性而忽视了其现实性。当真实的生活摆在面前时，高职生的爱情显得脆弱不堪，因为完美本身拒绝缺点。

第三，爱的投射。当恋爱失败或受挫后，将注意力放到"所爱者"的错误和缺点上，对他人细微错误的反应十分灵敏，而对自己的问题与弱点却不闻不问。他们考虑更多的是如何指责对方或者教育对方。那么，二者之间的爱情关系就成为相互投射。事实上，当恋爱受挫后，当事人需要认真反思自我，而非投射。

第四，爱情的非理性观念。认为爱情意味着甜蜜，意味着没有冲突。恋人之间的相互冲突，那些属于人的内在现实并能在人的心灵深处体验到的冲突绝不是毁灭性的，这些冲突会带来净化，会带来心灵的沟通与理解。关于爱情的非理性观念主要有以下十类：一是没有爱情的高职生活是失败的；二是爱情是靠努力可以争取到的，即付出总有回报；三是爱不需要理由；四是因为相爱而发生的性关系无可非议；五是恋人是完美的，爱情是至高无上的；六是爱是缘分也是感觉；七是不在乎天长地久，只在乎曾经拥有；八是爱情重在过程不在结果；九是爱情能够改变对方；十是失恋是人生重大的失败。由于受非理性观念的影响，部分高职生将恋爱置于其他重要人生任务比如学业之上，甚至因为爱而荒废了学业。有的学生坚信爱情中付出总有回报，做爱情的守望者，耐心地等待，有的甚至采取极端举措。

(三) 失恋心态分析

1. 失恋者羞愧难当，陷入自卑和迷惘，心灰意冷，走向怯懦封闭，甚至绝望、轻生，成为爱情的殉葬品。因为失恋而自杀的人的推理是：连我最爱的人都抛弃了我，这个世界对我还有什么意义？事实上，如果反向思维，既然爱情不再，就感谢爱情给予你的自我成长吧。正是爱情给予你人生的启发，恋爱是双方相互了解，为将来人生作准备的过程，如果在交往过程中发现彼此不合适，恋爱中止是最明智的人生选择。

2. "不见去年人，泪湿春衫袖"。失恋者对抛弃自己的人一往情深，对爱情生活充满了美好的回忆和幻想，自欺欺人，否认失恋的存在，从而陷入单相思的泥潭。也有人会出现一种特殊的感情矛盾——既爱又恨，不能自拔。这类人首先从心理上拒绝和否认，继而更加思念对方，认为失去的是人生最好的，陷入单相思之中难以自拔。

3. "阁道曲直，似我回肠恨怎平"。失恋者或因失恋而绝望暴怒，失去理智，产生报复心理，造成毁坏性的结局；或从此嫉俗厌世，怀疑一切，看着什么都不顺眼，爱发牢骚；或从此玩世不恭，得过且过，求刺激，发泄心中不满。典型的心理反应是：我不幸福，你也别想幸福！这是一种扭曲的心理，因为个体在人生选择中都有一个相互了解与学习的过程。

当然，如果你在交往中发现对方不适合于你时，向对方提出中止恋爱关系一定要注重策略。有的人因为担心对方受伤害而忍受内心的痛苦，误使对方以为你还在爱他；有的人不告知对方为何中止恋爱关系，或者只用含糊不清的理由比如性格不合。当你告诉对方不爱的理由时，一定要具体而且令对方接受。

(四) 自我调整方法

1. 倾诉

失恋者精神遭受打击，被悔恨、遗憾、愤怒、惆怅、失望、孤独等不良情绪困扰，应主动找朋友倾诉，释放心理负荷。可以用口头语言，把自己的烦恼和苦闷向知心朋友毫无保留地倾诉出来，并听听他们的劝慰和评说，这样心理会平静一些。也可以用书面文字，如写日记或书信把自己的苦闷记录下来，或给自己看，或寄给朋友看，这样便能释放自己的苦恼，并寻得心理安慰和寄托。

2. 转移

及时适当地把情感转移到失恋对象以外的人、事或物上。发展密切的朋友关系，交流思想，倾吐苦闷，陶冶性情；投身到大自然的博大胸怀中，从而得到抚慰。当然，密切自己与其他异性的交往也不失为一条合适的途径。

3. 理智

指的是借助理智来获得解脱，由理智的"我"来提醒、暗示和战胜感情的"我"。要想想，爱情是以互爱为前提的，不可因一厢情愿而强求，应该尊重对方选择爱人的权利。也可以进行反向思维，多想对方的不足，分析自己的优势，鼓足勇气，迎接新的生活。还可以这样设想，失恋固然是失去了一次机会，然而却让你进入了另一个充满机会的世界。正如海伦·凯勒所言，"一扇幸福之门对你关闭的同时，另一扇幸福之门却在你面前打开了"。

4. 升华

失恋者积极的态度会使"自我"得到更新和升华，全身心地投入到工作中去，许多失恋者因此而创造出了辉煌的成就。像歌德、贝多芬、罗曼罗兰、诺贝尔、居里夫人等历史名人都曾饱受失恋的痛苦。他们是用奋斗的办法更新"自我"，积极转移失恋痛苦的楷模。

恋爱双方在交往中，随着交往频度的增加与卷入深度的加强，如果一方发现对方不是自己心中想找的人时，应理智地分析恋爱的走向，并提出分手。毕竟分手对双方都不是一件非常愉快的事，特别是对那些确立恋人时间较长，具有较为稳定恋爱关系的人。提出分手的一方要注意以下几点：一是选择恰当的时机；二是使用策略；三是清楚地说明原因；四是不逃避责任；五是不拖泥带水。被动的一方要注意控制自己的情绪，不可自暴自弃，也不可死打硬缠，更不可义气用事，寻求报复。值得注意的是，中止恋爱关系不要给对方留有余地，比如"以兄妹相称"，"再相处一段试试看"等；特别是恋爱关系中止后，双方都需要一段时间认真冷静地面对这段感情。

心理辅导活动：

1. 目的：通过活动使学生比较清楚地认识性保健的基本知识。
2. 内容：性保健知识。
3. 过程：教师根据教材内容设计一张题表，将行为与保健分列，让学生用连线的方式进行选择。

【建议参考资料】

1. 李中莹. 爱上双人舞 [M]. 北京：世界图书出版社，2005.
2. 塞利格曼. 真实的幸福 [M]. 洪兰，译. 北京：万卷出版公司，2010.
3. 莱特福特. 性健康指南：孩子问 VS 家长答 [M]. 北京：中国轻工业出版社，2006.
4. 高德伟. 性健康教育学 [M]. 呼和浩特：内蒙古人民出版社，1995.
5. 张瑞萍，黄莉莉. 青春期性生理知识问答 [M]. 北京：金盾出版社，2006.

【问题与思考】

1. 积极幸福体验与一时的感官满足有何区别？

2. 如何在职业学习中感受积极的情绪体验?
3. 如何对待恋人之间的文明交往?
4. 找出日常学习与生活中幸福体验的因素和不幸福体验的原因。
5. 如果你准备谈恋爱,要如何提升自己的人格魅力?

第六章　思维与情绪

【本章提要】

思维是人或其他思维主体处理信息及意识的活动过程，可以是对信息的采集、传递、存储、提取、删除、对比、筛选、判别、排列、分类、变相、转形、整合、表达等。本章简要介绍了高职生思维的发展及其特点，明确指出高职生想要拥有积极、健康、乐观的情绪状态，必先培养良好的、科学的、辩证的思维方式。

情绪是人对客观事物是否满足需要的感受和态度体验。人每时每刻都处在一定的情绪状态中，积极、健康、乐观的情绪状态有助于高职学生的学业进步、人际关系改善和身心健康；而消极悲观的情绪状态对人的身体健康、人际关系和工作学习都可能产生不良影响。

本章在阐述情绪心理的相关理论及高职生情绪发展特点的基础上，重点介绍了如何运用合理情绪理论和阴阳辩证的思维方法，进行情绪的自我管理与自我调节，做情绪的主人，保持良好的情绪状态。

【学习重点】

1. 了解高职生思维发展的特点及辩证思维的内涵。
2. 了解有关情绪的基本理论及高职生情绪的基本特征。
3. 掌握情绪 ABC 理论和阴阳辩证疗法。
4. 用具体案例来分析思维方式与情绪调节的关系，并能够运用于生活中。

【重要术语】

思维　辩证思维　情绪　情绪管理　情绪 ABC 理论　阴阳辩证疗法

第一节　高职生的思维发展及其特点

一、什么是思维

简单说思维就是人或其他思维主体处理信息及意识的活动过程，可以是对信息的采集、传递、存储、提取、删除、对比、筛选、判别、排列、分类、变相、转形、整合、表达等。

思维不同于感性认识，不是指我们直接看到的、听到的，而是将这些看到的、听到的信息进行了一定程度的加工,形成了自己的独特观点,所以思维具有自己的特点,即间接性和概括性。

思维的间接性是通过事物的外在表现来推断事物的本质特征。例如,警察在犯罪现场通过寻找一些罪犯在现场留下的痕迹,就可以在脑中推断出罪犯在现场作案时的场景。医生在给患者看病时,通过病人描述症状以及通过一些化验就可以得知病人的病情以及感染了何种病毒。思维的这种能力,把本无直接关系的现象联系在一起,使得人们不必去直接接触某些信息,通过某些规律便可以成功地揭露出事物的本质。

思维的概括性是建立事物之间的联系,把有相同性质的事物抽取出来,对其加以概括,从而得出规律性认识。而这种认识是建立在对事物的全面了解上的。如果得到的信息本身是片面的,那么由此得出的结论必然是错误的。

对于高职生来讲,接触的社会范围越来越大,不时会受到这种那种现象的困扰,很难认识到事物的全貌,而面临这种困境时该怎么办?让我们一起来学习另外一种思维方式。

二、辩证思维的方法与作用

(一)什么是辩证思维

所谓辩证思维,就是从看似对立、无法"调和"的两个事物之间深刻认识它们的相互关系,从中寻找解决问题的有效途径。

从对立中寻求转机或方案的辩证逻辑思维,其思维轨迹往往穿行于两个相互对立的事物之间,形成一条循环往复、螺旋上升的曲线。对立因素之间的联系也是十分复杂的。对立双方的转化往往是有条件的,只有当事物发展到一定阶段,对立双方确实具备转化的条件时,促使其向着对立方向转化才成为可能,这就是事物发展变化的"转机"。在这一思维过程中,关键在于能否把握对立双方的转化规律,及时捕捉转化时机,积极创造转化条件。这就是唯物辩证法中所讲的矛盾关系。请看一个著名的例子。

澳大利亚墨尔本市的公共汽车司机因不满公司的待遇,与资方谈判不成要举行罢工,但又担心影响民众的正常出行引起民愤,一旦造成这种局面,资方的腰板反而会更硬起来,不但利益争取不到,还极有可能弄个里外不是人。工会的领导者们运用了辩证逻辑思维的方法,做到了既罢工又不罢工,从而取得了胜利。原来工会发明了一种与通常相反的"积极罢工"方式,他们照常出车,而且对乘客热情服务,笑脸相迎,笑脸相送,但坚决不收乘客的车费,乘客高兴得奔走相告。司机们既在罢工,又在工作岗位上。哭都来不及的却是资方,运营成本一分不少,车钱一分也收不上来,不得不退让求和。当然,民众不会永远那么开心,等工会赢了以后,车费自然便会继续收取。这是用辩证思维创新方法的绝妙案例。

下面我们来学习辩证思维的一些基本观点。

1. 普遍联系的观点

唯物辩证法认为，世界是普遍联系的，没有孤立存在的事物和现象。世界上的一切事物、现象、过程彼此相互联系，整个世界是相互联系的统一整体；每个事物、现象、过程，内部的各个部分、要素、环节也是相互联系、彼此制约的；任何事物都是由各要素彼此联系组成的有机整体。理解事物之间的联系有助于我们解决日常生活中所遇到的问题，这就需要我们能够把握整体与部分的关系。首先整体与部分是有所区别的，同时又是相互联系、密不可分的。其次，整体和部分相互影响，整体的变化影响部分，部分的优劣也会影响整体。特别是处于关键部位的部分的功能及其变化甚至对整体的功能起决定作用。最后整体与部分还是相互作用的，且在一定条件下相互转化。

例如，苏轼在《琴诗》中写道："若言琴上有琴声，放在匣中何不鸣？若言声在指头上，何不于君指上听？"诗中琴、指头、琴声三者之间的联系表明：琴、指头、琴声三者是一个整体，整体具有部分所不具有的功能，同时，如果缺了这三个部分也构不成整体。

2. 发展变化的观点

发展的实质是新事物的产生和旧事物的灭亡。

前途是光明的，道路是曲折的。新生事物是不可战胜的，但新生事物的发展不是一帆风顺的，事物的发展是前进性和曲折性的统一。

质变与量变是事物发展过程中的两个状态。量变是事物数量的增减或场所的变更，是一种渐进的、不显著的变化；质变是事物根本性质的变化，是渐进过程的中断，质变能体现和巩固量变的成果，并为新的量变开辟道路。量变是质变的基础，质变是量变的必然结果，因此作好量变的准备，可促进事物的质变。但质变的结果并非一定是好的新生事物，因为这是由量变的方向决定的，可能是由坏变好，也可能是由好变坏，这需要我们具体问题具体分析。

3. 对立统一的观点

对立统一规律揭示了普遍联系的根本内容和事物发展的内在动力，揭示了事物发展的动力和源泉，揭示了发展和联系的本质。矛盾就是对立统一，是指客观事物本身所固有的既对立又统一的本性及其在人们头脑中的正确反映。任何事物都包含着内在的矛盾性，事物内部矛盾双方又统一又斗争，推动事物的发展。具体来说就是：在复杂事物的发展过程中包含着许多矛盾，这些矛盾的地位和作用是不平衡的，有主要矛盾和次要矛盾之分。主要矛盾和次要矛盾相互依赖、相互影响，并在一定条件下相互转化。不论是主要矛盾还是次要矛盾，每一矛盾中两个方面的力量也是不平衡的，有主要方面和次要方面之分。矛盾的主要方面和次要方面既相互排斥，又相互依赖，并在一定条件下相互转化。事物的性质主要是由主要矛盾的主要方面决定的。主要矛盾和次要矛盾、矛盾主要方面和次要方面辩证关系的原理要求我们要坚持一分为二的矛盾分析法，坚持两点论与重点论相统一的认识方法。具体问题具体分析是我们正确认识事物的基础，是正确解决矛盾的关键。

这部分的内容比较抽象，但建议同学参阅相关的书籍，学好这部分将对我们的生活产生质的影响。

（二）辩证思维的基本方法

辩证思维的基本方法包括：归纳与演绎、分析与综合、抽象与具体、逻辑与历史的统一。

1. 归纳与演绎

归纳是从个别事实推导出一般结论的思维方法，是思维从个别到一般的过程；演绎是从一般原理推出个别结论的思维方法，是思维从一般到个别的过程。

归纳与演绎的运行方向是相反的，但二者存在着内在的联系。归纳是演绎的基础，演绎推理的前提是一般性原理，一般性原理是通过归纳获得的。演绎也是归纳的前提和指导，任何归纳都是在一定概念和理论的指导下进行的，所以归纳也不能离开演绎。人的认识是不断地从个别到一般，又从一般到个别的过程，这恰恰是归纳和演绎交替使用的过程。

2. 分析与综合

分析是主体在思维中将对象整体分解为各个组成部分，分别加以研究和认识的思维方法，是思维从整体走向部分的过程；综合则是主体在思维中把对象各个方面的认识进行整合，全面地把握对象的方法，是思维从部分走向整体的过程。

分析与综合是对立统一的关系。没有分析，就难以认清对象的部分和细节，从而难以正确认识整体。因此，综合离不开分析。另一方面，由于部分不能离开整体，如果对整体没有一个正确的认识，分析也无法进行。因此，分析也离不开综合。

3. 抽象与具体

人们认识事物时，首先反映的是具体的事物，我们把它称之为感性具体的认识。在这一基础上，人们使用分析的方法，把事物分解成各个部分，把它们从整体中抽取出来，并且撇开各个部分的非本质属性抽象出它的本质属性，这样，人们的认识就从感性具体发展成理性抽象，从现象深入到了本质。但是，人们不能仅仅停留在对事物的抽象认识上，还必须进一步弄清各个部分之间的内在联系，确定每一个部分在总体中各处于什么地位，各起什么作用。这就需要在运用综合方法的同时运用从抽象落实到具体的方法，把各个部分按照它们本身固有的内在关系相互联系起来，从总体上把握这一事物，使人们对客观事物的认识由理性的抽象上升到理性的具体或者思维的具体。理性的具体与感性的具体有着本质的不同：感性的具体是零散的，是"知其然，不知其所以然"；理性的具体则是把事物各个抽象的规定综合为一个相互联系、相互制约的整体，是对事物完整的"知其然，又知其所以然"的认识。

4. 逻辑与历史的统一

历史是指客观对象的发展过程以及人们认识客观对象的思想发展过程。逻辑是指理性思维和抽象思维的规律，它是人们以理论的形态反映客观事物的规律所必须遵循的。逻辑与历史统一，是说客观现实的历史是逻辑的基础和内容，逻辑行程终归要由历史进程来决定。

然而，逻辑与历史还是有差别的，因为逻辑是历史的理论再现，是"经过修正"的历史。这样，逻辑与历史的统一，是指在本质上、内在规律上的符合，并非毫无差别的绝对符合。历史的发展过程有本质的东西，也有非本质的东西；有主流，也有支流；有必然性，也有偶然性。逻辑并不反映历史发展过程那些大量的、非本质的、支流的、偶然的东西，而是集中反映发展过程的本质、主流、必然性、规律性。

（三）辩证思维的作用

辩证思维的作用体现在以下三方面。

1. 统帅作用。辩证思维是高级思维活动，它根据唯物辩证法来认识客观事物，能够反映事物的本来面目，揭露事物内部的深层次矛盾。它是从哲学的高度为我们提供正确的世界观和方法论，所以，它在更高层次上对其他思维方式有指导和统帅作用。

2. 突破作用。在活动中经常遇到困难，不是发现不了主要问题，就是因提供不出解决问题的有效方案而导致"僵局"，往往在此时，辩证思维就成了我们打破僵局的有力武器。

3. 提升作用。人类对事物的认识总有一个由浅入深，由感性认识到理性认识的过程，这就需要辩证思维帮助我们全面总结思维成果，提升成果的认识价值，最后上升为理论。

三、高职生思维发展的特点

发展心理学研究表明：进入高职阶段，学生的抽象逻辑思维属于理论型，已经能够在头脑中进行完全属于抽象符号的推导，能以理论作指导去分析和解决各种问题。

（一）形式逻辑思维处于优势，辩证逻辑思维迅速发展

形式逻辑思维和辩证逻辑思维是抽象逻辑思维的两个不同的发展阶段，它们的发展和成熟，是青少年思维发展和成熟的重要标志。

高职生的形式逻辑思维已获得了相当完善的发展，在其思维活动中占据主导地位。与此同时，辩证逻辑思维也迅速发展起来，主要表现为在思维过程中的抽象与具体成分达到了一定程度的统一。高职生在实践与学习中逐步认识到一般和特殊、归纳和演绎、理论和实践的对立统一关系，并逐步发展出那种从全面的、变化的、统一的观点认识问题、分析问题和解决问题的能力，这是高职生辩证逻辑思维发展的标志。

（二）抽象逻辑思维的发展在高职阶段进入成熟期

从初中二年级开始，学生的抽象逻辑思维开始由经验型水平向理论型水平转化，到高中二年级，这种转化初步完成，这意味着他们的抽象逻辑思维趋向成熟，到了高职阶段当然成熟得更好，主要表现在下述三个方面：

首先是各种思维成分趋于稳定状态，基本上达到了理论型抽象逻辑思维的水平；其次是个体的思维差异，包括在思维品质和思维类型上的差异，已基本上趋于定型；再次，从整体来讲，思维的可塑性已大大减少，与成人期的思维水平基本保持一致，甚至在某些方面的思维能力还高于普通成人。

第二节　高职生的情绪情感特点

情绪是与我们生活密切相关的，情绪状态决定着我们的生活质量。情绪管理也是心理学研究中的一个重要课题，这一节我们就来了解关于情绪情感的相关内容。

一、情绪情感概述

情绪和情感是人类心理过程的一个重要方面。它伴随着认知过程而产生，并对认知过程产生重大影响。情绪和情感也是人们对客观现实的一种反映形式。

（一）情绪与情感的概念

情绪和情感是客观事物是否符合人的需要与愿望、观点而产生的态度体验。情绪更倾向于个体基本需求欲望上的态度体验，而情感则更倾向于社会需求欲望上的态度体验。

首先，情绪总是由某种刺激引起的。自然环境、社会环境以及人自身都有可能成为情绪的刺激源。当刺激被感知到时，由于认知内容与人的需要具有各种不同的关系，就产生了人对认知内容的不同态度。凡是能满足人的需要或符合人的愿望、观点的客观事物，就使人产生愉快、喜爱等肯定的情绪和情感的体验；凡是不符合人的需要或违背人的愿望、观点的客观事物，就使人产生烦闷、厌恶等否定的情绪和情感的体验。现实中有些事物使人高兴、快乐；有些事物使人忧愁、悲伤；有些事物使人赞叹、喜爱；有些事物使人惊恐、厌恶。这些以特殊方式表现出来的主观感受或态度体验就是情绪或情感。

其次，同样是人对客观事物的反映形式，情绪和情感不同于认知过程，认知过程是人对客观事物本身的反映，而情绪和情感反映的则是客观事物与人的主观需要之间的关系，是一种主观的体验。对客观事物产生什么样的情绪，取决于主体与客体事物之间是一种什么样的关系，取决于主体的态度。不同的人对同样的事物，或者同一个人在不同的时间、地点和条件下，对同一件事的主观感受可能很不相同。例如同样是看电视连续剧《激情燃烧的岁月》，中老年人经历了那个年代，看得津津有味，而小青年却感觉一般。这说的是情绪状态的产生受到主体经验的影响。

总之，情绪和情感是人对客观事物的态度体验，而这种态度体验反映着客观事物与人的需要之间的关系。

(二) 情绪与情感的区别

情绪和情感都是对需要满足状况的心理反映，同属于心理活动的范畴，是同一过程的两个方面。情绪与情感既难以分割又有着明显的区别，它们之间的区别表现在以下几方面。

1. 情绪与情感的产生基础不同。情绪是与生理需要是否得到满足相联系的心理活动，情绪的产生始终与需要（特别是生理需要）、机体的活动、感觉知觉相关联。情绪是原始的，是人和动物（尤其是高级动物）所共有的。情感是与社会性需要是否得到满足相联系的心理活动，情感的产生主要与社会认知、理性观念及观点等相联系，是人类特有的心理活动。情感带有显著的社会历史制约性，是人的社会化的重要组成部分和标志。例如，饥饿时有了食物吃会很高兴，但我们不能说他产生了热爱食物的情感。

2. 情绪与情感的稳定性不同。情绪具有情境性和浅表性，它随情境或一时需要的出现而发生，也随情境的变迁或需要的满足而较快地减弱或消逝。例如，学生在重大考试之前，随着考试的临近，情绪会越来越紧张；一旦考试结束，紧张情绪就会消失。而情感是对事物态度的反映，是基于对主观和客观关系的概括而深入的认知和一贯的态度，它不仅具有情境性，而且具有稳定性和深刻性。因而是个性心理品质中稳定的成分。

3. 情绪与情感的表现特点不同。情绪表现有明显的冲动性和外显性，面部表情是情绪的主要表现形式。例如高兴时眉开眼笑，生气时咬牙切齿，激动时热泪盈眶，失望时垂头丧气，等等。而情感则显得比较深，经常以内隐的形式存在或以微妙的方式流露出来。例如，爱国主义情感是一种内心体验，一般不轻易表露，但对人的行为有重要的调节作用。

人类的情绪和情感虽有区别，但两者又是密不可分的。在一定意义上，可以认为情绪是情感的外部表现；情感是情绪的本质内容。一般地说情感的产生会伴随有情绪反应，情绪的变化又常常受情感的支配。爱国主义情感强烈的人，就常常表现出特有的情绪反应。在上甘岭战役中，虽然极度缺水，但一杯水在志愿军战士手中辗转传递，竟没有人喝一口，这是人的生理需要服从社会需要的表现。

(三) 情绪与情感的特点

情绪与情感的最显著特点是它们都具有两极性。情绪和情感有四种动力特征，即强度、紧张度、快感度和复杂度。在这四种动力特征中，情绪和情感都表现出相互对立的两极性。例如，情绪的强度方面有强和弱两极，紧张度方面有紧张和放松两极，快感度方面有快乐和不快乐两极，复杂度方面有复杂和简单两极。

1. 关于强度。情绪体验可以在强度的两个极端"强—弱"之间有不同等级的变化。情绪体验的强度首先取决于对象对人所具有的意义，这种意义越大，引起的情绪就越强烈。

2. 关于紧张度。情绪的紧张度是指情绪在"紧张—放松"两个极端之间的变化。紧张度既取决于当前事件的紧迫性，也取决于人的心理准备状态和个体的个性品质。事情的成败对人越重要，则关键时刻到来时的情绪就越紧张。当紧急事件得到妥善解决之后，人们常有轻松感。紧张一般有助于全部精力的动员和集中，可能对活动产生有利的影响，也可能起抑制作用而使动作失调，从而妨碍活动的正常进行。

3. 关于快感度。快感度是指情绪体验在"快乐—不快乐"两个极端之间程度上的差异。悲伤、羞耻、恐惧、悔恨等是明显的不快乐体验；而欢喜、骄傲、满意、自豪等是明显的快乐感受。快感度与需要是否得到满足有关。事物能满足人的需要，会引起快乐的体验；不能满足需要的事物或与需要相抵触的事物，会引起不快乐的体验。

4. 关于复杂度。各种情感的复杂程度是很不一样的。爱，包含柔情和快乐的成分；恨，包含愤怒、惧怕、厌恶等成分。有时，情感的成分非常复杂，甚至很难用言语来描述它到底是一种什么样的体验。而有的情感是很单纯的。现代心理学上，把快乐、悲哀、恐惧、愤怒看做是单纯的情绪，称为基本情绪或原始情绪。在这四种最基本的情绪基础上，可以派生出许多种不同情感的组合形式，也可以赋予不同含义的社会内容。

(四) 情绪与情感的种类

人的一切心理活动都带有情绪色彩，而且情绪的表现形式多种多样。我国古代有喜、怒、忧、思、悲、恐、惊的七情说，美国心理学家普拉切克提出了八种基本情绪理论，即：悲痛、恐惧、惊奇、接受、狂喜、狂怒、警惕、憎恨。一般而言，研究者比较认同人类具有四种基本情绪，即快乐、愤怒、恐惧和悲哀。

依情绪发生的强度、持续性和紧张度可以把情绪状态分为心境、激情和应激。而情感则与人的社会观念及评价体系分不开，按其内容、性质和表现方面的不同，又可分为道德感、理智感和美感。

1. 四类基本情绪

快乐、愤怒、恐惧和悲哀这四种基本情绪是与人的基本需要相联系的，是不学而能的，通常还具有一定的紧张性。

快乐是个人目的达到，紧张解除后的情绪体验。快乐的程度和紧张程度取决于目的的重要程度和目的达到的意外程度，如果追求的目的非常重要，并且目的的达到带有突然性则会引起异常的欢乐，否则只能引起微小的满意。一般把快乐程度分为：满意、愉快、异常的欢乐、狂喜。

愤怒是当愿望不能实现或为达到目的的行动受到挫折时引起的一种紧张而不愉快的情绪。愤怒被看做是一种原始的情绪，它在动物身上是与求生、争夺食物和配偶等行为联系着的。挫折不一定引起人的愤怒，但当人们认为使其受挫的阻挠不合理时，甚至是恶意的，则最容易引起愤怒。一般把愤怒的程度分为：轻微的不满、生气、愠怒、大怒、暴怒等。

恐惧是个人企图摆脱、逃避某种情境而又无能为力时所产生的情绪。引起恐惧的关键因素是人缺乏处理可怕情境的力量。恐惧具有很强的感染力，一个人在恐惧时，往往会引起周围人的不安和恐惧。从进化的观点看，恐惧可以作为警戒信号，有助于人逃避危险，还有利于群体的社会结合以保证安全。但恐惧具有压抑作用，对认知活动也有消极影响。严重的恐惧使感知狭窄、思维刻板、行动呆板。

悲哀是个人在失去所盼望的、所追求的东西或有价值的东西时所引起的情绪。由悲哀所带来的紧张释放产生哭泣，哭泣一般不超过 15 分钟，在这段时间内完全可以减轻过度的紧张。悲哀的强度取决于失去事物的价值，失去的东西价值越大，引起的悲哀也就越强烈。一般把悲哀按程度的轻重分为：遗憾、失望、难过、悲伤、悲痛。

2. 情绪状态的分类

情绪状态可以分为心境、激情和应激三种。

心境是一种微弱、平静而持续时间较长的情绪状态。心境可以由对人具有某种意义的各种情况所引起，如工作的顺逆、事业的成败、人们相处的关系、健康状态，甚至自然环境的影响，都可以成为引起某种心境的原因。如心情愉快、舒畅或心情烦闷、抑郁不快，会在一个相当长的时间内持续下来。这种情绪状态倾向于扩散和蔓延，处在某种心境中的人，往往以同样的情绪状态看待一切事物。心境虽然由客观事物引起，但它还受人的主观意识所调节和支配。心境在人的现实生活中有重要的意义。积极的、良好的、乐观的心境能使人精神振奋，促进人的主观能动性的发挥，有益于人的健康，也是幸福指数的一个体现；消极的不良心境使人精神萎靡、意志消沉，降低人的活动效率，有碍于健康。

激情是一种强烈、短暂而具有爆发性的情绪状态。激情是由对人具有重大意义的强烈刺激和对立意向冲突而过度抑制或兴奋所引起的。狂喜、愤怒、恐惧、绝望等都属于这种激情状态，它们常伴随激烈的器官活动与明显的表情动作。如，愤怒时全身发抖，紧握拳头；恐惧时毛骨悚然，面如土色；狂喜时手舞足蹈，欢呼跳跃。激情的发展大致要经历三个阶段：一是初始阶段，由于意志力减弱，身体变化和表情动作越来越失去控制，高度紧张使细微的动作发生紊乱，但这时人还有控制能力；二是爆发阶段，人失去意志的监督，发生了不可控制的动作和失去理智的行为；三是激情爆发后的平息阶段，这时会出现平静和疲劳现象，严重时甚至精力衰竭。激情的意义是由它的社会价值决定的。凡能激发人积极向上、符合社会要求的激情是积极的，这种激情通常与冷静的理智和坚强的意志相联系，能够成为推动人的活动的动力。凡对机体有害的、不符合社会要求的激情是消极的。

应激是出乎意料的紧张情况下出现的情绪状态，是人对意外的环境刺激作出的适应性反应，以便于把自身各种资源（首先是内分泌资源）都动员起来，以应付紧张的局面。但有时应激所造成的高度紧张又会阻碍认知功能的正常发挥。紧张和惊恐也会导致人们的感知、注意产生局限，思维迟滞，行动刻板，正常处理事件的能力大大削弱。人体所产生的应激反应可分为三个阶段：警觉反应阶段、抵抗阶段、衰竭阶段。在警觉阶段，人体识别应激源，并准备以面对或逃逸的方式去应付它。此时，肾上腺素分泌进入血液，使人的心率加快，呼吸频率增加并泌汗。其结果是血糖水平增高，瞳孔放大，消化减慢。主观上体验到自己突然间变得非常强大，肌力增强，听觉、视觉以及警觉性均得到改善，所有这些都有助于提高分析问题、解决问题的能力，迅速地寻找到解决问题的方法。在警觉阶段，恐惧是其主导情绪，人体的反应将是血压降低，导致人脸色苍白。在抵抗阶段，人体开始修复由应激引起的生理和心理创伤。在某些情况下是人体适应应激源，如对寒冷、繁重的体力劳动或焦急的适应。幸运的是，大多数生理应激源仅持续很短一段时间，而且人体亦能轻易地应付这些生理性应激。在人的一生中，许多时候都要经历上述两个阶段，它们有助于应付许多内外要求和日常生活中面临的危险。由于生理与心理能量的大量消耗，最终不能满足人体的需要时，就会导致应激的最后阶段：衰竭阶段。此时，个体正确观察事物的能力丧失，思维迟钝，甚至放弃寻找解决问题的方案，让自己听天由命。

我们每时每刻都处在一定的情绪状态中，积极、健康、乐观的情绪状态有助于高职学生的学业进步、人际关系改善和身心健康；而消极悲观的情绪状态对人的身体健康、人际关系和工作学习都可能产生不良影响。

古代阿拉伯学者阿维森纳曾把一胎所生的两只羊羔置于不同的外界环境中生活：一只小羊羔随羊群在水草地快乐地生活；而在另一只羊羔旁拴了一只狼，它总是看到自己面前那只野兽的威胁,在极度惊恐的状态下,根本吃不下东西,不久就因恐慌而死去。实验告诉我们:恐惧、焦虑、抑郁、嫉妒、敌意、冲动等负性情绪,是一种破坏性的情感,长期被这些心理问题困扰就会导致身心疾病的发生。情绪对动物的影响尚且如此,对头脑高度发达的人类来说,情绪的影响力更是可想而知。

二、高职生情绪情感发展的特点

高职生正处在青年时期,他们的情绪与其整个心理过程一样正处于蓬勃发展的时期,即由不成熟迅速走向成熟的重要时期,并且情绪的成熟比之认知的成熟较晚一些。高职生情绪最基本的特征是它的两极性和矛盾性。

(一)高职生情绪的两极性

高职生情绪的两极性指情绪容易从一个极端跳到另一个极端,大起大落,摇摆不定,跌宕起伏,表现在苦恼时受到激励则为之振奋;热情洋溢时受到挫折则易灰心丧气。有时常常对事物作出要么"好"、要么"坏"的绝对评价。在求知情绪上,表现为若他们在追求知识方面取得效果,则越学越有兴趣,越学越有劲,如考上研究生、知识竞赛获奖、出国留学等;反之,则悲伤、沮丧、压抑。在求友和求爱的情绪上,表现为若找到心仪的对象,恋爱顺利并成功,就会快乐、高兴;若遭遇失恋,就会产生悲伤的情绪,甚至失望、绝望。

(二)高职生情绪的矛盾性

高职生情绪的矛盾性是高职生的生理与心理的矛盾、个人需要与社会满足间的矛盾、理想与现实差距的矛盾、理想的我与现实的我之间的矛盾等种种矛盾冲突带来的情绪上的反应。因此,情绪的两极性是情绪矛盾性的外化和表现形态。而这种情绪矛盾性的极端形式就是情绪的两极性。

由于情绪的两极性、矛盾性,往往使高职生的情绪呈现出如下特点。

1. 情绪体验丰富多彩。高职生处在心理未成熟向成熟发展的过渡期,他们的情绪表现出既有儿童少年时期残留下来的天真幼稚,又有成年期的深思熟虑,而两性情感的介入更使高职生的情绪表现多姿多彩。一般认为,随着年龄增长,年级升高,社会性情感日趋丰富,更多地表现出关心他人和社会,积极思索人生的情感倾向。同时,不同的个体在情感发展和情绪表现上呈现出一定的差异性,男女的情绪各有自己的特点。这就使高职生这一群体的情绪体验表现出丰富多彩的特征。

2. 情绪起伏变化较大。随着认知水平的提高,知识经验的积累,高职生对自己的情绪已有了一定的控制能力,情绪趋于稳定。但同成年人相比,高职生的情绪仍带有明显的波动性,时而激动时而平静,时而积极时而消极。学习成绩的优劣、同学关系的好坏、恋爱的成败等因素,都会引起高职生情绪的波动和变化。

3. 情绪体验强烈并易冲动。高职生在外界刺激下表现出强烈的情绪体验，很容易产生冲动性情绪行为，表现得感情用事，也表现出情绪易心境化。例如：在心境平静时，对别人的玩笑会无所谓，而在心情烦躁时，就会因开玩笑或一点小事情发起猛烈攻击。高职生中发生打架斗殴的事件大多源于此。

4. 情绪的不稳定性和可控性并存。高职生的情绪由于带有两极性和矛盾性的基本特征，因而表现出稳定性和波动性并存，即有一定的控制力，但同成年人相比仍带有明显的波动性。由于高职生具有较高的文化修养，具备反省自身弱点的能力和控制自己情绪变化的能力，因此高职生的情绪又表现出可控性的特征。

5. 情绪的外显性与内隐性并存。即他们的喜怒哀乐常形于色，但又有意识地控制自己的情绪，学会了一些曲折的文饰的表达方式。

6. 情绪的冲动性与理智性并存。即高职生虽有强烈的情绪体验，易冲动，但他们的理智、自控能力已有了较高程度的发展，多数情况下是能理智地思考问题的。

三、高职生常见的情绪困扰

处在心理发展由未成熟走向成熟阶段的高职生，常见的情绪困扰有自卑、过度焦虑、抑郁、嫉妒和冷漠。

（一）自卑

自卑是个体由于某种生理或心理上的缺陷或其他原因而产生的对自我认识的态度体验，表现为对自己的能力或品质评价过低，轻视自己或看不起自己，担心失去他人尊重的心理状态。而著名心理学家阿德勒认为，自卑感是人格发展的动力。每个人都有不同程度的自卑感，因此心理上的自卑是每个人都要面对的基本处境。自卑会造成紧张，人们因而要努力摆脱这种处境，每个人都会作出这种努力。

高职生的自卑主要表现在：敏感和掩饰、自暴自弃、逃避现实、自傲、封闭以及逆反心理。

产生自卑感的原因是多方面的，既有主观因素，又有客观因素。就主观因素来说，主要有：不能正确地面对现实或缺乏某些个人专长，觉得自己平平庸庸和默默无闻而产生自卑感；因失恋或单相思产生较为严重的自卑心理；因性格、智力等方面的缺陷导致交际能力较差、难于适应新的环境而产生厌恶自己的自卑感；不恰当的自我评价使自己失去自信也产生自卑；等等。而高职生产生自卑的客观原因也是多方面的，如学校、专业不如意，个人先天条件的缺陷，新的学习生活环境、家庭地位与经济条件差或父母离异等，都可能使高职生产生自卑感。

要克服自卑感，首先要建立起正确对待自卑的态度，分析产生自卑的原因，正确地认识它，继而通过建立合理、积极的自我评价来消除和克服自卑。

（二）过度焦虑

过度焦虑是一种伴随着某种不祥预感而产生的令人不愉快的情绪，是一种复杂的情绪状态，包含紧张、不安、惧怕、愤怒、烦躁、压抑等情绪体验。研究表明，事情的不确定性是产生焦虑的根源。焦虑可划分为三类：一是神经性焦虑，当人意识到内心的欲望与冲突而无法控制时所产生的恐惧感，有时以无名的恐惧出现，有时发生强烈的非理性的恐惧。二是现实性焦虑，这种焦虑是由对现实环境的压力与困难自己无力应付引起的，例如，无力参与竞争、期望过高、要求过严、社会文化差异悬殊等。三是道德性焦虑，是由社会生活准则引起的对自我的责备与羞愧感，因而唯恐犯错误或触犯不能逾越的规定，时常自责，受到罪恶感的威胁。

引起高职生焦虑的原因是多方面的，有因生活环境适应困难产生的焦虑，有因学习不适应产生的焦虑。应当指出，高职生的焦虑大多是正常的，即客观的、现实的焦虑。保持适度焦虑是必要的，但过度焦虑就是不良情绪状态了。过度焦虑会使人心情过度紧张，情绪不稳定，不能正确地推理判断，记忆力减退，以致影响考试成绩和人际关系。

克服焦虑主要是要科学地认知引起焦虑的原因并进行正确评价，学会放松，并增强自信心。那些自己感到有无法控制的、比较严重和持久的焦虑表现，或有焦虑性神经症表现的高职生，则应及时寻求医疗机构或心理咨询老师的帮助和治疗。

（三）抑郁

抑郁是一种感到无力应付外界压力而产生的消极情绪，常常伴有厌恶、羞愧、自卑等情绪体验。对大多数人来说，抑郁只是偶尔出现，时过境迁很快会消失，但也有少数人长期处于抑郁状态，导致抑郁症。性格内向孤僻、多疑多虑、不爱交际、生活中遭遇意外挫折的人更容易陷入抑郁状态。这里要对抑郁状态和抑郁症加以区分，抑郁状态可能是大多数人都体验过的情绪状态，而抑郁症是有严格的诊断标准的。

情绪抑郁的主要表现是：情绪低落、思维迟缓、郁郁寡欢、闷闷不乐、兴趣丧失、缺乏活力，干什么都打不起精神；不愿参加社交，有意回避熟人，对生活缺乏信心，体验不到生活的快乐；并伴有食欲减退、失眠等表现。长期的抑郁会使人的身心受到严重伤害，不但无法有效地学习和生活，严重者甚至会因痛苦绝望而自杀。在大多数情况下，高职生的抑郁情绪都可找到较为明显的影响因素，主要表现为学习成绩落后、失恋、人际关系不和谐以及其他有关的负面生活事件的影响。但也不排除高职生产生抑郁是由于对一些负面事件的不正确认识、过分概括化的评价、追求完美，因而对自我价值作出了不合理评价。

改善抑郁状态就要改变不合理观念，对出现的负面生活事件和自我价值建立正确认识、评价和态度，此外，培养乐观的人生态度，注意锻炼自己的意志，学会合理表达自己的感情对克服抑郁情绪都是有益的。当然，有抑郁性神经症的高职生，必须及时寻求医疗机构或专业心理咨询师的帮助和治疗。

（四）嫉妒

嫉妒是指人们为竞争一定的权益，对竞争对手、相应的幸运者或潜在的幸运者怀有的一种冷漠、贬低、排斥，甚至是敌视的心理状态。嫉妒俗称为"红眼病"、"吃醋"等。产生嫉妒的原因有来自于同一领域的竞争、优越感被破坏等。

高职生中的嫉妒主要表现在七个方面：一是嫉妒别人政治上的进步，二是嫉妒别人学习上的冒尖，三是嫉妒别人某一方面的专长，四是嫉妒别人生活上的优裕，五是嫉妒别人社交上的活跃，六是嫉妒别人仪表上的出众，七是嫉妒别人恋爱上的成功。

嫉妒心重的人，从不去赞美别人，有的只是怨恨与傲慢，很难让人接近，人际关系往往紧张，自己也非常痛苦，既不利己又伤害别人。我们可以通过增强自信，提高能力，调整自我价值的确认方式，不盲目与他人比较，克服虚荣心等方法来克服嫉妒情绪。

（五）冷漠

冷漠是一种对人、对事漠不关心的消极情绪体验。处于冷漠情绪状态的高职生，在行为上常表现为对生活缺乏热情，对集体活动漠不关心，对周围的同学态度冷漠，对学习应付了事、缺乏兴趣，大多独来独往，十分孤僻。

产生冷漠的主要原因往往与个人经历与性格特点有关，如从小缺乏父母关爱、与家人关系冷漠、自己的努力得不到承认、好心得不到理解等。片面和固执的思维方式、心胸狭窄、耐受力差、过于内向的个性特点也容易产生冷漠情绪。表现冷漠的人往往内心很痛苦、孤寂，具有强烈的压抑感，而过分的压抑又会破坏心理平衡，影响身心健康。

培养良好的个性品质，正确对待挫折、积极参加各种有益的活动都可以改变冷漠情绪。

第三节　情绪管理及阴阳辩证疗法

情商是近几年来很时髦的一个词汇，主要是指人在情绪、情感、意志、耐受挫折等方面的品质。情商指的就是情绪管理方面的能力。这节我们来学习相关的内容。

一、情绪管理概述

情绪管理是指人们对自身情绪和他人情绪的认识、协调、引导、互动和控制，是对情绪智力的挖掘和培植，是培养驾驭情绪的能力，是建立和维护良好的情绪状态的一系列过程和方法。情绪管理取决于个体对人生价值观总体把握的水平，取决于在个体成长过程中的学习，在身心体验中培养出的情感质地，取决于处理人与人、人与团体之间的人际交往的艺术。情绪管理的核心是以人为中心，使人性、人的情绪得到充分发展，人的价值得到充分体现。情绪管理是从尊重人、依靠人、发展人、完善人出发，提高人们对情绪的自觉意识，控制情绪低潮，保持乐观心态，不断自我激励、自我完善。

（一）情绪管理的内涵

情绪管理包括情绪识别、情绪调控、情绪表达、自我激励等多方面内容。

1. 情绪识别，即了解自己和他人的情绪，培养情绪认知能力。情绪智商的核心是情绪认知能力，即当自己的某种情绪刚一出现就能觉察的能力。完整的情绪认知能力不仅仅包括对自己情绪的认知，还包括对他人情绪的识别，理解他人情绪的能力。

2. 情绪调控，即培养情绪自我控制能力。情绪调控主要是指对负性情绪的控制、疏导和消除，并培养乐观的积极情绪。它是在准确认识自己情绪的基础上，分析这种情绪产生的原因，并通过适当的方法予以缓解。情绪的产生受很多因素的影响，进行情绪的归因训练能帮助人们提高情绪的自我理解和领悟能力。情绪调节和控制的方法很多，不同的理论流派有不同的技术和方法，转移、升华、宣泄、认知重建、积极暗示、放松训练等方法都可以用来调节自己的情绪。

3. 情绪表达，即合理地表达情绪以发展人际交往能力。人们在交往过程中会因为交往内容和方式的改变而体验到各种情绪，情绪也深深地影响着交际的内容和方式。正确的情绪认知和表达可以抒发自己内心的感受，让别人更了解你，增进彼此的关系；错误的情绪表达方式往往会出现许多防御性不良互动，会让彼此关系变得紧张。情绪管理要求我们在学会识别自己和他人情绪的基础上恰当地表达情绪，发展良好的人际关系。

4. 自我激励，即通过自我调动，建立和维护良好的情绪状态。这就要求人们了解良好情绪状态的表现，为实现一定的目标进行自我调动，指挥控制自己的情绪。包括能始终保持高度热情，不断明确目标，使情绪专注于目标等。通过自我激励培养良好的情绪，控制情绪低潮，保持乐观心态，不断自我完善。

（二）情绪管理的作用

情绪管理对人们具有相当重要的意义，它的主要作用表现在以下方面。

1. 情绪管理有利于建立和谐的人际关系

情绪在人际交往中起着信号、表达和感染的作用，是促进人际交往、建立良好人际关系的重要手段。和谐的人际关系有助于个体获得社会生活所必需的自我价值感、人格品质、理想信念以及社会赞许的行为方式，加快其社会化的进程。情绪的信号作用有助于个体对自我情绪进行认知、表达和调控，对他人情绪进行觉察和把握。具有较好情绪管理能力的人通常是拥有稳定可靠的人际关系的人。

2. 情绪管理有利于促进人们的身心健康

情绪与人们的身心健康有着密切的关系。一方面，不良情绪会造成生理机制的紊乱，从而导致各种躯体疾病。如强烈或持久的消极情绪会造成心血管机能受损，引发高血压和冠心病，严重时还可导致脑血栓或心肌梗塞。另一方面，不良情绪会抑制大脑皮层的高级心智活动，使人的意识范围变得狭窄，正常判断力减弱，甚至使人精神错乱、神志不清，导致各种神经症和精神病。情绪管理能使人们通过对自己情绪的认知和调控来建立和维护良好的情绪状态，促进身心健康。

3. 情绪管理有利于塑造健全人格

人格是个人素质的重要组成部分，是其行为的倾向性，是人在社会化过程中形成的具有个人特色的心理结构。健全人格的情绪特征表现为：情绪理性化、冷静、脾气温和、有满足感、与别人相处愉快。这不仅体现了情绪与人格的密切相关，也说明了提高情绪管理能力对人格发展的重要意义。研究表明，对情绪的有效调节和控制能使个体保持良好、积极、稳定的情绪，有助于培养乐观向上、积极进取、百折不挠的良好品质；对自己和他人情绪的认知和理解有助于培养真诚友好、善解人意等良好性格。而不良情绪的泛滥是会导致个体人格出现缺陷和障碍的。

二、常用情绪调控方法

常见的情绪调控方法有合理情绪疗法、宣泄法、转移法、合理化、放松训练等。

（一）合理情绪疗法

合理情绪疗法是 20 世纪 50 年代由埃利斯在美国创立的，它是认知疗法的一种。合理情绪疗法的基本理论主要是 ABC 理论，这一理论又是建立在埃利斯对人性的基本看法之上的。

1. 埃利斯对人性的看法

埃利斯对人的本性的看法可归纳为以下几点。

（1）人既可以是有理性的、合理的，也可以是无理性的、不合理的。当人们按照理性去思维、去行动时，他们就会很愉快、富有竞争精神且行动有成效。

（2）情绪是伴随人们的思维而产生的，情绪上或心理上的困扰是由于不合理、不合逻辑思维所造成的。

（3）人具有生物性和社会性的双重倾向，因而经常陷入有理性的合理思维和无理性的不合理思维的矛盾冲突，即任何人都不可避免地具有或多或少的不合理思维与信念。

（4）人是有语言的动物，思维借助于语言而进行，不断地用内化语言重复某种不合理的信念，这将导致无法排解的情绪困扰。

(5) 情绪困扰的持续，实际上就是那些内化语言持续作用的结果。

2. 埃利斯的 ABC 理论

埃利斯宣称：人的情绪不是由某一诱发性事件本身所引起的，而是由经历了这一事件的人对这一事件的解释和评价所引起的。这就构成了 ABC 理论的基本观点。在 ABC 理论模式中，A 是指诱发性事件；B 是指个体在遇到诱发事件之后相应而生的信念，即他对这一事件的看法、解释和评价；C 是指特定情境下，个体的情绪及行为的结果。ABC 理论指出，诱发性事件 A 只是引起情绪及行为反应的间接原因，而人们对诱发性事件所持的信念、看法和解释 B 才是引起人的情绪及行为反应 C 的更直接的原因。

例如：两个人一起在街上闲逛，迎面碰到他们的领导，但对方没有与他们招呼，径直走过去了。这两个人中的一个对此是这样想的：他可能正在想别的事情，没有注意到我们。即使是看到我们而没理睬，也可能有什么特殊的原因。而另一个人却可能有不同的想法：是不是上次顶撞了他一句，他就故意不理我了，下一步可能就要故意找我的岔子了。

两种不同的想法就会导致两种不同的情绪和行为反应。前者可能觉得无所谓，该干什么仍继续干自己的；而后者可能忧心忡忡，以致无法冷静下来干好自己的工作。从这个简单的例子中可以看出，人的情绪及行为反应与人们对事物的想法和看法有直接关系。在这些想法和看法背后，有着人们对一类事物的共同看法，这就是信念。这两个人的信念，前者在合理情绪疗法中称为合理的信念，而后者则被称为不合理的信念。合理的信念会引起人们对事物适当、适度的情绪和行为反应；而不合理的信念则相反，往往会导致不适当的情绪和行为反应。当人们坚持某些不合理的信念，长期处于不良的情绪状态之中时，最终就会导致情绪障碍的产生。

3. 常见不合理信念的特征

美国心理学家韦斯勒经过归纳研究，总结出了不合理信念的几个特征。

（1）绝对化要求。是指人们以自己的意愿为出发点，对某一事物怀有认为其必定会发生或不会发生的信念，它通常与"必须"、"应该"这类字眼连在一起。比如："我必须获得成功"，"别人必须很好地对待我"，"工作应该是很容易的"，等等。怀有这样信念的人极易陷入情绪困扰中，因为客观事物的发生和发展都有其规律，是不以人的意志为转移的。合理情绪疗法就是要帮助他们改变这种极端的思维方式，认识其绝对化要求的不合理、不现实之处，帮助他们学会以合理的方法去看待自己和周围的人与事物，以减少他们陷入情绪障碍的可能性。

（2）过分概括化。这是一种以偏概全、以一概十的不合理思维方式的表现。埃利斯曾说过，过分概括化是不合逻辑的，就好像以一本书的封面来判定其内容的好坏一样。过分概括化的一个方面是人们对其自身的不合理的评价。如当面对失败时，往往会认为自己"一无是处"、"一钱不值"、是"废物"等。以自己做的某一件事或某几件事的结果来评价自己整个人，评价自己作为人的价值，其结果常常会导致自责自罪、自卑自弃的心理及焦虑和抑郁情绪的产生。过分概括化的另一个方面是对他人的不合理评价，即别人稍有差错就认为他很坏、一无是处等，这会导致一味地责备他人，以致产生敌意和愤怒等情绪。按照埃利斯的观点来看，以一件事的成败来评价整个人，无异于一种理智上的法西斯主义。他认为一个人的价值就在于他具有人性，因此他主张不要去评价整体的人，而应代之以评价人的行为、行动和表现。这也正是合理情绪治疗所强调的要点之一。因为在这个世界上，没有一个人可以达到完美无缺的境地，所以每个人都应接受自己和他人是有可能犯错误的。

（3）糟糕至极。这是一种认为如果一件不好的事发生了，将非常可怕、非常糟糕，甚至是一场灾难的想法。这将导致个体陷入极端不良的情绪体验如耻辱、自责自罪、焦虑、悲观、抑郁的恶性循环之中，而难以自拔。糟糕就是不好、坏事了的意思。当一个人讲什么事情都糟透了、糟极了的时候，对他来说往往意味着碰到的是最坏的事情，是一种灭顶之灾。埃利斯指出这是一种不合理的信念，因为对任何一件事情来说，都有可能发生比之更好或更坏的情形，没有任何一件事情可以定义为是百分之百糟透了的。当一个人沿着这条思路想下去，认为遇到了百分之百糟糕的事或比百分之百还糟的事情时，他就把自己引向了极端的、负的不良情绪状态之中。糟糕至极常常是与人们对自己、对他人及对周围环境的绝对化要求相联系而出现的，即在人们的绝对化要求中认为的"必须"和"应该"的事情并非像他们所想的那样发生时，他们就会感到无法接受这种现实，因而就会走向极端，认为事情已经糟到了极点。合理情绪疗法认为非常不好的事情确实有可能发生，尽管有很多原因使我们希望不要发生这种事情，但没有任何理由说这些事情绝对不该发生。我们必须努力去接受现实，尽可能地去改变这种状况；在不可能时，则要学会在这种状况下生活下去。

在人们不合理的信念中，往往都可以找到上述三种特征。每个人都会或多或少地具有不合理的思维与信念，而对于那些严重情绪障碍的人，这种不合理思维的倾向尤为明显。情绪障碍一旦形成，往往是难以自拔的，此时就极需进行治疗。

4. ABC 理论的应用过程

合理情绪疗法认为，人们的情绪障碍是由人们的不合理信念所造成的，因此简要地说，这种疗法就是要以理性治疗非理性，帮助求治者以合理的思维方式取代不合理的思维方式，以合理的信念取代不合理的信念，从而最大限度地减少不合理的信念给情绪带来的不良影响，通过以改变认知为主的治疗方式，来帮助求治者减少或消除他们已有的情绪障碍。

（1）首先要向求治者指出，其思维方式和信念是不合理的；帮助他们弄清楚为什么会变成这样，怎么会发展到目前这样子，讲清楚不合理的信念与他们的情绪困扰之间的关系。这一步可以通过直接或间接地向求治者介绍 ABC 理论的基本原理来实现。

（2）要向求治者指出，他们的情绪困扰之所以延续至今，不是由于早年生活的影响，而是由于现在他们自身所存在的不合理信念所导致的，对于这一点，他们自己应当负责任。

（3）通过与不合理信念辩论为主的治疗技术，帮助求治者认清其信念的不合理性，进而放弃这些不合理的信念，帮助求治者产生某种认知层次的改变。这是治疗中最重要的一环。

（4）不仅要帮助求治者认清并放弃某些特定的不合理信念，而且要从改变他们常见的不合理信念入手，帮助他们学会以合理的思维方式取代不合理的思维方式，以避免再做不合理信念的牺牲品。

这四个步骤一旦完成，不合理信念及由此而引起的情绪困扰和障碍便会消除，求治者就会以较为合理的思维方式代替不合理的思维方式，从而较少受到不合理信念的困扰。

合理情绪疗法的治疗过程中，最常用的技术就是与不合理的信念辩论的技术。如何运用与不合理信念辩论的技术呢？首先得找到不合理的信念，然后才能有效地进行辩论。在进行合理情绪治疗的过程中，只有真正找到了对方不合理的信念，施治者才可能做到有的放矢，否则易在外层转圈子而难以深入。初学者使用此法往往不得要领，关键是找不到不合理的信念，感到辩论无从下手。寻找求治者不合理的信念，可先从 ABC 模式入手：

第一，先以某一典型事件入手找出诱发性事件 A；

第二，询问对方对这一事件的感觉和对 A 的反应，即找出 C；

第三，询问对方为什么会体验到恐惧、愤怒等情况，即由不适当的情绪及行为反应着手，找出其潜在的看法和信念等，这就是 B；

第四，分清患者对事件 A 持有的信念哪些合理，哪些不合理，将不合理的信念作为 B 列出来。而在此过程中，首先，要采用各个击破的方法，一个个去找，不能指望一锤定音，一了百了。其次，辩论中积极提问能促进患者的主动思维。在合理情绪疗法中，所应用的辩论方法和苏格拉底式的辩论如出一辙。

事实上，这种自我分析人人都可以做。按合理情绪治疗的观点来看，人人都可能存在不同程度的不合理的信念。

5. 一些常见的不合理信念

在西方，研究者归纳出的常见不合理信念主要有以下几种。

（1）人应该得到生活中所有对自己是重要的人的喜爱和赞许。

（2）有价值的人应该在所有方面都比别人强。

（3）任何事物都应按自己的意愿发展，否则会很糟糕。

（4）一个人应该担心随时可能发生的灾祸。

（5）情绪由外界控制，自己无能为力。

（6）已经定下的事是无法改变的。

（7）一个人碰到的种种问题，总应该都有一个正确、完满的答案，如果一个人无法找到它，便是不能容忍的事。

（8）对不好的人应该给予严厉的惩罚和制裁。

（9）逃避可能、挑战与责任要比正视它们容易得多。

（10）要有一个比自己强的人做后盾才行。

6. 高职生常见的不合理信念

根据国内学者的研究，高职生常见的不合理信念主要表现在对自己、对他人和对挫折几个方面。

（1）对自己

①我个子矮，别人肯定瞧不起我。

②我长得不漂亮，肯定没人喜欢我。

③我没有什么长处，真是没用。

④我家境贫寒，根本找不到自信。

⑤我从未当过班干部，说明我没有这方面的能力。

⑥我不敢在众人面前说话，我是一个胆小的人。

⑦我最怕写东西，所以我天生缺乏写作才能。

（2）对他人

①我必须与周围每个人搞好关系。

②应随时随地防备他人，言多必失。

③接受别人的帮助，必须立即予以回报。

④人都是自私的、不可信任的。

⑤我是善良的，别人都应该对我好。

⑥只有顺从他人，才能保持友谊。

⑦别人对我好，是想利用我或占我的便宜。

⑧有些人自私自利、斤斤计较，他们应该受到指责和惩罚，我不能与他们来往。

⑨朋友之间应该坦诚，所以不应该有保密的事情。

⑩如果有一人对我不好，说明我的人际关系有问题。

⑪应随时思考别人是否有兴趣与我交往。

（3）对挫折

①一旦这种事情（如失恋、考试不及格、受处分）发生在我身上，那我一切就完了。

②与其冒失败的危险，还不如不干。

③我从来没有失败过，失败一定非常可怕，我会受不了的。

④别人的看法是非常重要的，一旦失败，外界一定会议论纷纷。

⑤人只能成功不能失败，失败就是弱者。

⑥任何事情只要去做，就应该做得彻底而完美。

⑦一个人犯了错误，有了污点，那一辈子也无法抹去。

（二）宣泄法

情绪得不到适当的宣泄，就会日积月累，造成身心紧张状态直到致病。可以采用自我宣泄和他助宣泄的方法来疏导过量的激情和调节情绪。

自我宣泄的方法有哭泣缓解法、运动缓解法、转移注意法和"合理化"等方法。

在悲痛欲绝时大哭一场，可使情绪平静。美国专家威费雷认为，眼泪能把有机体在应激反应过程中产生的某种毒素排出去。从这个角度讲，遇到该哭的事情忍住不哭就意味着慢性中毒。很多人欣赏"男儿有泪不轻弹"，把流眼泪视为软弱的表现，从心理健康角度来考虑，就会发现这种观念是不可取的。很多人都体会到该哭的时候若能哭出来，哭过以后心情就好多了。

在盛怒愤慨时猛干一阵活儿或进行剧烈的体育运动，有助于释放激动情绪带来的能量。许多高职生有过在运动场上拼命奔跑以缓解心中郁闷情绪的经验。但此时因情绪不稳可能导致运动机能损伤，因此不要做有危险的运动，以防对自己或他人造成伤害。

最简单而又有效的宣泄方式是对人倾诉。心中有了烦恼和忧虑，既可向师长、同事、同学、亲人诉说，也可用写日记、写信（含电子邮件）的方式宣泄自己的烦恼和不快，调节自己的情绪。

模拟宣泄是目前新兴的一种调节情绪的方法。一些日本公司的充气工头像就是用来让员工发泄对上司的不满的。员工通过打骂模拟敌人，发泄不快，宁心息怒。

宣泄的方式多种多样，若方式选择不当，不但不能促进心理健康，反而会带来新的情绪困扰。因此，要注意正确选择宣泄方式，应以不妨碍他人和社会利益为原则，同时，宣泄时也要注意不损害自己。

（三）转移法

情绪不佳时，转移自己的注意力是一种控制情绪的好办法。如转换一下电视频道，做些自己感兴趣的事，如外出散散步，看看电影，读读书，打打牌，找朋友玩，换换环境等。

（四）合理化

这是一种援引合理的理由和事实来解释所遭受的挫折，以减轻或消除心理困扰的方式。它的表现形式可概括为"找借口"、"酸葡萄效应"等。情绪不佳时，适度地采取"合理化"的方法自我安慰，也是一种情绪自我调控的方法。

（五）放松训练

放松训练有呼吸放松法、肌肉放松法、想象放松法等。

1. 呼吸放松训练

呼吸放松训练的做法是这样的：（1）坐在椅子上，闭上双眼。（2）让自己感觉到呼吸，注意自己是在用嘴还是用鼻呼吸，以及自己呼吸的频率。（3）然后，注意观察身体各部分，要细心注意身体的肌肉群，看自己是否感觉紧张。这样保持一分钟。（4）回到呼吸上来，用鼻做深呼吸，然后用嘴吐气，连续做几次这样平静的深呼吸。当你吐气时，观察肌肉在干什么，注意观察肌肉是如何开始工作的。继续这样呼吸几分钟。（5）每次吸气，你的横膈膜下沉，腹部收紧；每次吐气，腹部肌肉放松（如果无困难，放一只手在腹上，这样你会感觉横膈膜的运动。吸气时便放开，再吐气时又放上。起初你可以强迫自己用横膈膜呼吸）。（6）现在让我们数四下吸气一次，然后再吐气。此后慢慢数八下吸气一次。缓慢、深沉而平静地呼吸。这样练习几分钟。（7）如果一开始时用腹腔呼吸有困难，先练喘气呼吸常常是有益处的。喘气呼吸是喉管呼吸的一种。用你的嘴做成"O"型状，用嘴快速吸气，短促喘气，快速呼吸。每次呼气，腹部鼓出，在腹部运动时，同时做喘气动作，呼吸——一、二、一、二、一、二，数"一"时吸气，数"二"时呼气。一旦你掌握了这一快速喘气技术后，就开始做以上所讲的更加深沉和平稳的呼吸练习。当你学会呼吸并正确利用横膈膜肌肉部分后，纯熟的横膈膜深呼吸便会很快地完成，不管是在工作中，在家里，在玩耍中，无意之中就完成了深呼吸，它的好处会使你大吃一惊。

2. 肌肉放松训练

肌肉放松训练有手臂放松、头部放松、躯干放松、腿部放松、全身松弛等。

手臂放松的方法是：（1）握紧右手（握成拳头），紧张右前臂；（2）握紧左手，紧张左前臂；（3）双手收紧；（4）弯曲右肘关节以紧张右二头肌（上手臂）；（5）弯曲左肘关节以紧张左二头肌；（6）伸直右手臂以紧张右三头肌（背部肌肉，上手臂）；（7）伸直左手臂以紧张左三头肌。

头部放松的方法是：（1）皱起前额；（2）皱眉；（3）紧闭双眼直到做完练习；（4）按顺时针方向转动眼球，再转回到中心；（5）按逆时针方向转动眼球，再回转至中心；（6）转眼球至最右角处；（7）转眼球至最左角处；（8）转眼球向上；（9）转眼球向下；（10）皱起鼻子，脸颊；（11）紧闭双唇，绷紧双唇；

（12）收紧下腭部肌肉；（13）压紧下巴贴近胸部；（14）舌头贴紧上腭；（15）开始吸一大口气，坚持住，然后紧张喉咙；（16）做唱歌发音时张口的假动作但不发出音来，紧张喉咙和喉部肌肉，然后哼低音调。

躯干部位松弛的方法是：（1）抬起肩头，触及双耳以紧张双肩肌肉；（2）往后扩双肩，收紧背部肌肉；（3）弯下腰部以收紧下部肌肉；（4）往前收双肩，以收紧胸部肌肉；（5）深吸气以紧张腹部肌肉；（6）紧张臀部肌肉。

腿部松弛的方法是：（1）紧张右上腿肌肉；（2）紧张左上腿肌肉；（3）紧张左右腿上部肌肉，同时弯曲双腿膝部，然后再伸直；（4）紧张右小腿部肌肉，外胫脚尖经腿方向上提；（5）紧张左小腿，外胫脚尖经腿方向上提；（6）紧张右脚和右脚趾；（7）紧张左脚和左脚趾。

全身松弛的方法是：（1）吸气时数四下，憋住气数四下，注意紧张起来，然后缓慢地吐气；（2）深而平稳地吸气，检查所有肌肉群。

最后，通过运动重新进入兴奋状态的方法是：（1）活动手、手臂；（2）活动腿部和脚；（3）转动头部；（4）睁开双眼，坐起。

情绪紧张往往伴随着肌肉紧张，积极的放松方法对那些感受到特殊肌肉组织群紧张的人来讲是十分理想的。一般肌肉紧张的反应多为眼睛疲劳，背和腰部疼痛，腿僵直，颈部僵直，嗓子嘶哑和胸部疼。所有这一切，均可通过上面介绍的积极的深部肌肉放松练习加以缓解。

3. 想象放松的方法

想象放松法即重复说一些自己编排的指令（如"我双臂发热"），同时你便感觉到由该指令所描述的效果在身体上出现。想象放松法非常简便，自己不断重复如下六个步骤的指令：（1）采取一个舒适的身体姿势，身体不要自己支撑；（2）松开紧身的衣服、首饰；（3）置身于安静的环境中；（4）当你发指令时，要为积极地体察自己的感觉作好准备；（5）发指令时做平衡的深呼吸动作；（6）做完一段动作时，做些恢复身体灵敏度的动作，并以积极的建议结束练习。例如，"当我睁开眼睛时，我将会感觉恢复疲劳后的清醒，将会感到神经松弛、舒适。"

情绪的自我控制还可采用其他方法，如音乐疗法、气功疗法、森田疗法、认知疗法、行为疗法中的系统脱敏法等，这些方法同学们如果感兴趣的话，自己可以检索相关资料。

上述方法同学们可以在日常生活中加以练习，但有时会发现治标不治本，尤其是放松、宣泄等方法，下面我们再介绍一种能从根本上让你永葆阳光心态的阴阳辩证疗法。

三、阴阳辩证疗法简介

阴阳辩证疗法亦称阴阳辩证辅导，是由北京师范大学心理学院郑日昌教授创立的。他在长期心理咨询工作中,目睹许多人为形形色色的问题而苦恼,甚至为一点小事耿耿于怀,或行凶报复危害社会,或自寻短见走向绝路,或抑郁成疾痛苦不堪。人们常常劝人遇事想开点,但有心理障碍的人恰恰喜欢钻牛角尖,不懂得如何想开点。郑日昌经过多年实践探索,将现代西方心理学中的认知疗法与中国古代阴阳辩证思想结合,于20世纪90年代创立了具有中国本土特色的阴阳辩证辅导的理论与方法,在临床工作中取得了很好的效果,使无数焦虑抑郁、悲观绝望者摆脱困扰和痛苦,重现阳光心态。

(一)阴阳辩证疗法的理论缘起

阴阳辩证疗法的理论既借鉴了西方的认知疗法、人本疗法和后现代建构主义哲学,又整合了中国古代太极图中的阴阳理论及当代中国一分为二与合二为一的辩证法思想。

1. 认知疗法

认知疗法兴起于20世纪50年代,以埃利斯的合理情绪疗法(rational emotive therapy,RET)为标志。对此前面已经详细介绍,这里不再赘述。

2. 人本疗法

人本疗法的倡导者罗杰斯认为,只要给来访者提供一种最佳的心理环境或心理氛围,他们就会动员起自身的资源去进行自我理解,产生自我指导行为,并最终达到心理健康的水平。他提出真诚、通情、无条件积极关注是心理咨询有效的必要条件。

真诚是指咨询师表里如一、言行一致。只有咨询师的认识、情感和行为三者统一,才会导致和谐融洽的咨询关系。

通情又称做共情、同感、同理心,是指咨询师深入理解并能设身处地、感同身受地体会来访者的内心世界,并将这种感受传达给对方。

无条件积极关注是指咨询师要无条件地接纳和尊重每位来访者,多关注积极因素,正向地看待其一切。

虽然真诚、通情、无条件积极关注是对咨询师所提的要求,但对于我们高职生来讲,想要有效地调节自身的情绪,也需要有意识地训练自己这几方面的能力。

3. 建构主义

自20世纪70年代以来,建构主义(constructionism)哲学成为西方后现代思潮的主要流派。建构主义认为我们的知识并不是对真实世界原状的准确反映,而是我们自己或社会用语言建构出来的,真理存在于我们的语言和文化之中。既然知识和真理都是人们创造出来的,就必然是主观的、相对的,不存在绝对的、超时空的永恒真理。

在建构主义思潮影响下,心理治疗完全被看做是一种语言的艺术。一个人的问题是自己在用语言解释经验的过程中建构出来的，经由不断重复，对问题的叙说逐渐稳固为"真实"，于是陷入了自己所构造出来的现实里。这就是说，问题只存在于求治者有问题的叙说或语言中，咨询师的任务不是将自己的所谓理性或正确认知强加给来访者，而是引导来访者将目前对生命经验或问题的说法转变为另一种有助于问题解决的说法。

4. 太极阴阳理论

中国古代的太极图（见图6-1）看似简单，但其内涵博大精深，是对宇宙、物质、生命和精神世界本质的高度概括。

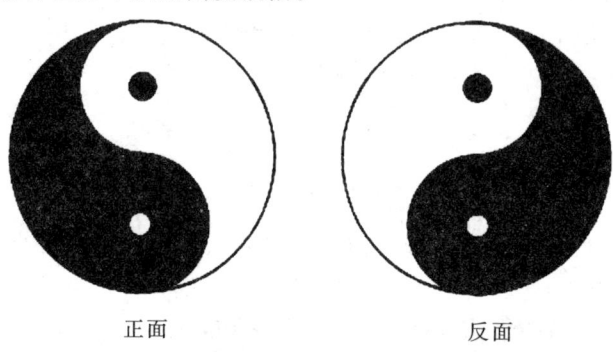

正面　　　　　　　反面

图6-1　太极图

图中黑色代表阴，白色代表阳，寓意世界上任何事物都是个复杂的系统。小至基本粒子，大至宇宙天体，从微观到宏观，从物质到精神，均是由无数方位和无限层次的阴阳组成的对立统一体。

图中白里有黑，黑里有白，寓意无论阴还是阳，都不是纯粹的单一成分，而是你中有我，我中有你。世界上的人和事，无不好中有坏，坏中有好，得中有失，失中有得，假中有真，真中有假。

图中黑白两部分，酷似两条游动的鱼，寓意阴阳在相互矛盾冲突的运动中此长彼消，而其中的两个小圆，则代表与外部条件相呼应、作为变化依据的内因。图中黑白交界的S线代表阴阳的交互作用和动态平衡。

概而言之，万事万物皆有阴阳。阳中有阴，阴中有阳；阴阳互动，彼此转化。阴阳图的这三点寓意，恰与辩证法思想完全吻合。

5. 一分为二哲学

20世纪五六十年代，中国人民的伟大领袖毛泽东用"事物都是一分为二的"名言对辩证法作了精辟概括，不久著名哲学家杨献珍又用"事物都是合二为一的"论断作了重要补充。综合来看，事物既是一分为二的，又是合二为一的，这就是辩证法的核心——对立统一规律。

"一分为二"与"合二为一"是对阴阳辩证理论的高度概括和形象表述，既方便记忆又通俗易懂，十分有利于在广大群众特别是青少年学生中普及辩证法思想。

（二）阴阳辩证疗法的基本原理

阴阳辩证疗法的基本原理是将上述几种理论整合起来，以人本为前提，与来访者建立良好关系，在此基础上辅导来访者学习掌握阴阳辩证的思维方式，逐步养成阴阳辩证的思维习惯，既一分为二又合二为一地看待一切事物，对人、对己、对事多看积极方面，往好处去想，往好处去说，改变认知结构，重建积极人生经验，从而摆脱心理困扰。

1. 太极三论

阴阳辩证疗法的核心理论是太极图三点寓意提示给我们的三论，即全面论、相对论和发展论。

（1）全面论

太极图的寓意之一是万事万物皆有阴阳。这提示我们看待任何问题一定要全面。遇事不能以点代面、以偏概全，只见树木、不见森林；对人不能攻其一点、不计其余，全盘否定或全盘肯定。要学会多角度、多层次地看待事物。要看到尺有所长，寸有所短；凡事有利有弊。在大好形势下要看到阴暗面，在困难的时候要看到成绩和光明。盲人摸象的故事很富哲理。无论自然科学还是社会科学，无论对宏观世界还是微观世界，人类的认识都仅仅是九牛一毛，沧海一粟，充其量是管中窥豹的一孔之见。每个人、每个团体都有自己的盲点和局限，意识到这一点，对增强理智、减少无谓争论十分必要。

（2）相对论

太极图的寓意之二是阳中有阴，阴中有阳。这提示我们真理与谬误都是相对的。任何科学发现都受时间、地点、条件的限制，没有放之四海而皆准、千秋万代永适用的普遍真理。把真理绝对化，追求绝对准确、绝对公平、绝对完美，好就全面好，坏就彻底坏，这种看问题绝对化的人和片面性的人一样容易出现心理障碍。特别是一些所谓有知识的人，常常把知识当做绝对真理，不分场合地乱套乱用，这种教条主义者既害人害己，又误党误国。解决的办法是倡导相对论，废黜绝对化。学会在危险中看到机遇（危机），在痛苦中体验快乐（痛快）。领悟舍即是得（舍得），得即是失（得失）的哲理。认识到和谐社会需要公平，但公平永远是相对的，差别只能减少不能消灭，我们在争取公平的同时，也要学会接受某些不公平。

（3）发展论

太极图的寓意之三是阴阳互动，相反相成，彼此转化。这提示我们万事万物皆在发展变化之中。斗转星移，沧海桑田，只有看到变化，接受变化，不断与时俱进，才能永远立于不败之地。那种好就永远好，坏就长久坏的想法，均是鼠目寸光的愚人之见。塞翁失马，焉知非福。好事可以变成坏事，坏事也可以变成好事。取得成功不要得意忘形，遭到失败也不要一蹶不振。要警惕乐极生悲，坚信否极泰来。要牢记外因是变化的条件，内因是变化的依据，外因通过内因起作用。要懂得量变引起质变，小变化会带来大变化的蝴蝶效应。要不断努力进取，勇于变革创新，促使矛盾转化。要寄希望于未来，"风物长宜放眼量"。

不合理信念或非理性认知的主要特点概括起来无非是片面性、绝对化、静止论，阴阳辩证疗法的主要内容就是辅导来访者在看问题时变片面为全面，变绝对为相对，变静止为发展，并学会阴阳平衡的中庸之道。

2. 两种心理

太极图中隐含了一分为二与合二为一的思想，凡事有利有弊，有得有失，利中有弊，弊中有利，得中有失，失中有得，利与弊、得与失是可以相互转化的。由此衍生出的辅助理论是"酸葡萄"与"甜柠檬"两种心理。

（1）酸葡萄心理

伊索寓言中那只吃不到葡萄说葡萄酸的狐狸一直被作为反面教员，用于讽刺那些失败后不求进取而自得其乐的人。但在精神分析理论中却将这种酸葡萄心理看做一种既不积极也不消极的中性心理防御机制。实际上葡萄是一分为二的，既有甜的也有酸的。在无法吃到时，若假定葡萄是甜的，心理就会失衡而痛苦；若假定其为酸的，内心就会安然。

（2）甜柠檬心理

甜柠檬心理是由酸葡萄心理引申而来的。经过努力还得不到的东西就说它不好，这是酸葡萄心理；而自己所有的东西摆脱不掉就说它好，则是甜柠檬心理。

美国著名人本心理学家马斯洛认为，心理健康即了解并接纳现实；泰勒认为，心理健康即正面错觉。而笔者认为，对现实的积极关注和正面认知是心理健康的必要条件。说葡萄酸未必是错觉，因为它可能真的很酸；只要自己感觉好，说柠檬甜又有何妨？这两种心理，看似是消极的自我安慰，实际并非自欺欺人的精神胜利法，而是隐含着辩证法的合理内核，运用得当也不失为一种接受现实、取得内心平衡、避免精神崩溃的积极调节方法。

当然，对这两种心理或精神胜利法也要一分为二，如果一个人时时、处处、事事"酸葡萄"、"甜柠檬"，那就真成了没出息的阿Q。

3. 五句箴言

郑日昌将一分为二的哲学观点与无条件积极关注的人本思想相结合，把太极三论概括为方便记忆并具有可操作性的三句口诀：全面论的口诀是"这方面不好那方面好"，相对论的口诀是"不好中有好"，发展论的口诀是"现在不好将来好"。

将太极三论和两种心理组合起来，便构成阴阳辩证疗法精髓的五句箴言：

不好中有好。

这方面不好那方面好。

现在不好将来好。

争取不到的就说它不好。

摆脱不掉的就说它好。

古希腊哲学家苏格拉底有句名言:"真正带给我们快乐的是智慧,而不是知识。"何谓智慧?智慧就是辩证的世界观和方法论。这五句箴言就是郑日昌积几十年人生经验悟出的朴实人生智慧。

(三)阴阳辩证治疗的方法与应用

1. 具体方法

阴阳辩证辅导的具体方法技术有很多,简要介绍如下:

(1)悉心倾听。专注倾听来访者的讲述,要有耐心,不随意打断或作出道德评价,要随时给予积极反馈和正面评价。

(2)理论讲解。针对来访者的问题简要讲解相对论、全面论和发展论,以及酸葡萄心理和甜柠檬心理。

(3)举例说明。列举实例解释上述太极三论和两种心理。

(4)故事启发。通过古今中外的故事或寓言,使来访者加深对阴阳辩证思想的理解。

(5)讨论交流。与来访者分享个人经历,或让来访者相互交流人生感悟。

(6)学习名言。向来访者介绍一些名言警句,例如:

"人生是一串无数大大小小的烦恼组成的念珠,乐观的人总是笑着捻完这串念珠。"(大仲马)

"世界上的事情永远不是绝对的,结果完全因人而异。苦难对于天才是一块垫脚石,对于能干的人是笔财富,对于弱者是一个万丈深渊。"(巴尔扎克)

"一扇幸福之门对你关闭的同时,另一扇幸福之门却在你面前打开了。"(海伦·凯勒)

"荣宠旁边辱等待,不必扬扬;困贫背后福跟随,何须戚戚。"(《菜根谭》)

"片面的人生观得不到幸福。"(傅雷)

"当你摔倒时看看有无东西可拣。"(李敖)

(7)熟记口诀。让来访者抄录并背诵五句箴言。

(8)搜集资料。让来访者从媒体上和日常生活中搜集有关事例和资料验证阴阳辩证理论。

(9)分析解读。利用五句箴言对来访者的个人经历和生活事件加以分析解读。

(10)太极三问。根据太极三论提出问题,引导来访者化解对人、对己、对事的不满。

（11）学会平衡。结合具体问题辅导来访者掌握阴阳平衡的中庸之道。

（12）及时强化。随时随地通过口头语言和体态语言对来访者的每一点进步和正面认知给予赞赏。

（13）反复练习。要求来访者在日常工作和生活中联系实际，活学活用阴阳太极理论，养成辩证思维习惯。

（14）辅导他人。鼓励来访者用阴阳辩证辅导的理论和方法帮助亲友、同事，在助人过程中更好地掌握辩证的世界观和人生观。

2. 实施要领

阴阳辩证辅导既可以个别进行，也可以团体实施。个别辅导针对性强，团体辅导效率高。

首先，在建立良好关系、来访者有了安全感的情况下，让其说出对人、对己、对事不满意的方面，咨询师耐心倾听，对来访者的心理困扰和痛苦给予接纳和通情。

然后，通过对阴阳辩证思想的理论讲解、举例说明、故事启发、讨论交流、学习名言、熟记口诀等方法逐项加以化解，引导其掌握"这方面不好那方面好"的全面论（例如，人穷志不穷；工作辛苦收入高；我很丑，但我很温柔），"不好中有好"的相对论（例如，破财消灾；吃一堑长一智；嫉妒是变相的恭维），以及"现在不好将来好"的发展论（例如，否极泰来；没有不散的阴云；车到山前必有路）。

通常，还可用经过努力还得不到的东西就说它不好的"酸葡萄心理"，自己所有的东西摆脱不掉就说它好的"甜柠檬心理"来对上述"三论"加以补充。（例如，仕途不顺，可说"位高压力大，无官一身轻"；受到美女诱惑，可想想"丑妻家中宝，水性杨花不可靠"）。

必要时还可布置作业，让来访者注意观察周边人和事，或从报纸、杂志、电视、网络等媒体上搜集资料，验证太极阴阳理论。

当来访者理解了五句箴言后，可让其联系实际，分析解读个人经历和生活事件，反复练习，逐步学会辩证的思维方式。

让来访者自觉主动运用所学方法帮助周边人摆脱心理困扰，不但使自己掌握得更牢靠，还能增加个人成就感和幸福感。

许多人的心理问题或困扰来自于看问题偏激、爱走极端。过犹不及，真理超越一步便成谬误。中国传统文化的中庸之道，似乎有折衷主义嫌疑，但其合理内核是有助于克服阴阳失衡的思维方式。为此，在咨询时可让来访者深刻领会下面一些话的含义，从而学会平衡：

严格必须有宽容来平衡。

勤奋需要适当休息来平衡。
谦让必须要勇敢坚持自我来平衡。
慷慨大方必须用敢于说"不"来平衡。
认真没有灵活性来平衡就会变成刻板。
自由没有责任的限制就会成为洪水猛兽。
权利没有义务的制约会带来极大恶果。
信任没有必要的自我保护则易受伤。

无论个别辅导还是团体辅导，都可以用下面的太极三问引导来访者深入思考，走出误区，做到阴阳辩证、内心和谐。

对自己不满：
全面看，我的优点和优势是什么？
相对看，我的缺点有无可取之处？
发展看，我的劣势如何改变？

对他人不满：
全面看，他有无优点及对我好的地方？
相对看，他的缺点有无可爱之处？
发展看，他是否也会改变？

对事情或环境不满：
全面看，是否有例外和其他可能？
相对看，塞翁失马焉知非福？
发展看，冬天到了春天还会远吗？

每当来访者的看法符合太极三论时咨询师要给予鼓励赞赏，及时强化其正向思维。

以上便是阴阳辩证疗法的具体操作过程。此疗法有效的关键是要求来访者将五句箴言熟记心中，随时随地结合日常生活反复练习，养成辩证思维的习惯。

3. 适用范围

临床实践表明，阴阳辩证疗法最适合解决人际矛盾和一般情绪困扰。对抑郁症和有自杀意念的人效果尤为明显，当然，对于严重的抑郁症患者还应适当辅以药物治疗。对有明确对象的焦虑症、恐惧症也很有效，但对病情严重者需要适当配合放松和脱敏训练。强迫症患者大多追求绝对完美，做事过分认真，通过阴阳辩证辅导，有助于改变其绝对化思维方式，因而也可收到意想不到的疗效，倘若辅以注意转移训练则效果更佳。这里提到的放松、脱敏和注意转移训练对于克服上述神经症都是治标之术，而阴阳辩证疗法才是治本之策。

任何一种方法都不能包医百病，阴阳辩证疗法对精神分裂症患者、智力低下者和年龄幼小的儿童均不适用，对性心理变态的治疗效果也有待验证。

【建议参考资料】

1. 彭聃龄．普通心理学［M］．北京：北京师范大学出版社，2001．
2. 周家华，王金凤．高职学生心理健康教育［M］．北京：清华大学出版社，2004．
3. 郑日昌．情绪管理压力应对［M］．北京：机械工业出版社，2008．
4. 郑日昌．后现代旗帜下的心理治疗［J］．中国心理卫生杂志，2005，19（3）．

【问题与思考】

1. 谈谈你对情绪的理解。
2. 思考你在日常生活中常有的不良情绪产生的过程，并尝试用 ABC 理论去分析。
3. 谈谈情绪管理的重要意义。
4. 用具体案例阐述你对阴阳辩证疗法的理解。

第七章　发展与就业

【本章提要】

本章比较详细地介绍了高职生在思考职业生涯规划中的基本理论和各种心理现象。引领同学们正确认识职业生涯对于整个人生的意义，分析了高职生职业生涯管理发展的基本内容，职业生涯各个时期的主要任务，职业生涯发展现状以及高职生如何提高就业能力。特别介绍了高职生创业方面的知识。

本章运用霍兰德等职业教育理论家的基本思想和理论，结合中国的就业形势以及高职生群体的实际情况，按照职业生涯规划中有关心理维度的内容进行了专题说明。从职业生涯发展阶段入手，按照年龄序列帮助同学们确定自己的规划起点，分析了制订生涯规划的相关因素以及阶段性目标，强调说明了调整、反馈、再设计过程的必要性和基本思路。教材还根据当前高职生就业过程中与道德有关的各种问题进行了剖析，提出了供大家参考的应对思路和方法。就业准备阶段是高职生入职前的重要阶段，反映在心理方面的内容主要是良好的准备，求职过程的自我认知、自我评价与调整，人际交往，以及出现应激状况的自我调节。提示大家：选择的职业应该既符合社会发展需要，同时又适合于自己的性格、能力、兴趣，以及符合在职业生涯规划中确定的职业锚，不可好高骛远脱离实际。高职生自主创业历来是学生选择职业的重要考量，创业应该在职业学习阶段就纳入职业生涯规划之中，自主创业可以在毕业后也可以在就业一段时间后，在有了一定的人脉关系、资金和一定专业实践能力以后进行，但是创业者的基本素质是成功走上创业道路的必要因素，教材通过对创业过程的心理分析帮助同学们树立创新思想，并作好创业能力方面的准备。

【学习重点】

1. 树立实事求是的基本思想。正确认识自己的性格、能力、职业兴趣、职业需要、职业锚以及就业观。

2. 可以通过各种量表进行必要的测量，也可以请专业老师以及同学们帮助分析自己的优势和不足，在此基础上尝试着进行初步的生涯设计。

3. 随着课程学习的不断深入，对自己的生涯设计进行调整和完善。

4. 在毕业之前要对自己所从事的职业群有比较清晰的认识；根据自己的专

业能力、求职意向制订出符合实际并有弹性的计划。

5. 就业阶段的心理准备是必要的，但良好的心理素质是在整个职业学习过程中逐步提高和完善的，因此高职生要特别注意在校学习与实践过程，珍惜这段难得的学习和发展机会。

【重要术语】

职业生涯　　就业环境　　就业技能　　职业锚

第一节　高职生生涯发展概述

在"领袖未来"大型高职生创业大赛中，北京电子科技职业学院艺术系的刘娅同学凭借明确的生涯发展方向、良好的心理素质和扎实的基本功训练顺利过关，以个人计分第一名，综合计分第二名的成绩进入了决赛，经过长达一个月的网络销售决赛阶段，最终位列"十强"，获得参加"北京大学卓越创新计划零售行业未来创新者发展项目"培训的难得机会，并获得由北京大学创新研究院执行院长签发的培训证明。她还没有毕业，却已经受到很多单位的热情邀请。刘娅同学在获奖感言环节中激动地说："生活是要用'心'去设计的，就像用彩笔去描绘一幅画。"

这个案例清楚地说明了作为当代高职生，要想成功走向社会，成为有志的职业人，一定要从进入学校的那一天起就开始对自己进行认真的规划。

一、职业生涯与规划

高职生职业生涯规划是社会发展与个人发展的共同需要。我国经济的持续快速增长和社会事业的发展将为高职学生就业提供有利的条件。各级政府和高等学校十分重视高校毕业生就业，采取了多种措施，出台了一系列政策促进毕业生就业。经过多年的艰苦努力，毕业生就业工作有了良好的基础，机制保障、制度建设、管理体制等方面都取得了长足进展。国家有关方面的调控和服务力度将进一步加大，有关部门正在研究进一步的举措，如规范有形和无形的就业市场，出台新的《劳动合同法》、《就业促进法》等。以市场需求和就业为导向的办学定位，使得各高职高专院校培养的高职生逐渐符合社会需求，拥有一技之长成为高职生顺利就业的保障。

当然，高校毕业生就业也存在一些不利因素：第一，经济的全球化使得经济增长速度的不稳定因素增加；第二，社会对高职生的需求总量和每年高校毕业生的供给量存在较大偏差；第三，由于高校办学的周期性，使得毕业生的专业构成与市场需求的专业错位,这一矛盾在短时间内还不能彻底得到解决;第四,高职生的求职区域、薪金期望值、就业诚信等依然和社会对高职生的期望和要求存在差距。这就需要高职生积极、客观地进行职业生涯规划。

以上情况表明,对于高职生来说,了解职业生涯特点,搞好职业生涯规划是十分必要的。

(一) 职业生涯的特点

1. 个体性

由于一个人的过往经历、成长环境、文化背景、个性特点、职业目标以及对社会的认识不尽相同,所以不同的人对自己的职业生涯追求不同,规划的特点、方向、步骤、策略也不可能相同。

2. 实效性

个人职业生涯规划按照规划的时间长短,可以划分为短期规划、中期规划、长期规划和人生规划四种类型。

3. 开放性

人生活在不断变革的开放社会环境中,社会上的各种事物无时无刻不在影响着人们的思想和心理,如果在制定自己的职业生涯规划时,只从个人的主观愿望出发,而不考虑社会和就业环境的需求与发展趋势,按照自己的意志盲目行事,生涯规划做得再漂亮也是难以实现的。

4. 发展性

职业生涯是一个开放的、动态的概念,不仅表示从业时间的长短,而且内含职业发展、变更的经历和过程。当今社会处于不断的变化过程中,个人职业生涯规划需要根据各种变化来不断调整。

5. 计划性

职业生涯规划的内涵清楚地揭示了一个人从职业准备阶段到职业枯竭阶段几十年的从业过程。同时告诫每一个准备进入职场的人要根据自己的心理、生理以及所学专业的特点进行各个阶段的设计。俗话说人无远虑必有近忧,如果随波逐流、盲目从众,做一天和尚撞一天钟,没有主观能动性的发挥,那么他的职业生涯将不会快乐,也难以发展。

(二) 职业生涯的发展

生涯就是一生的发展过程,一般特指一个人一生所扮演的职业角色。即从就职前的职业教育与职业培训开始,到寻求职业、就业从业、职业转换、逐步晋升,直至退休完全脱离职业工作的整个过程。职业生涯周期占据了人生的大部分时间。

按照萨伯的终生职业生涯发展理论,高职阶段正处于职业生涯发展中的"探索阶段",其基本特征见表 7-1。

表 7-1 职业生涯发展的探索阶段

阶段	年 龄		主 要 特 征 及 任 务
探索阶段	15—24 岁		特征：自我概念与职业概念形成；自我审视，角色尝试，在学校中的学习和职业探索、休闲活动、兼职工作中不断调整和改变自己的职业期望；作出符合自己职业兴趣的教育选择决策。 任务：更多地了解自我和发展自我，在各类层次的学习活动中作出尝试性的职业决策和职业生涯规划。
	分阶段	试探阶段 15—17 岁	特征：开始真正考虑自己的需求、兴趣、能力、价值和机会；透过幻想、讨论、学习、工作实习等作尝试性的选择；缩小职业兴趣范围；对自己的能力、未来的学习与就业机会还不是很确定，所以现在的一些选择以后采用的可能性小。 任务：明确职业兴趣，发展职业价值观，对职业发展方向作出初步判断和选择。
		过渡阶段 17—21 岁	特征：经常考虑现实的问题；进入专门的学校和劳动市场，将过去的职业理想变成职业现实。 任务：无论是进入职业市场还是进行职业教育，都会对自己的职业期望进行调整。
		尝试阶段 21—24 岁	特征：进入比较适当的职业领域；尝试将它作为维持生活的工作或终生职业；对职业发展目标的可行性进行实证。 任务：发展职业爱好和职业能力。

根据我国的实际情况，高职生一般要经过以下几个发展阶段。

第一阶段：职业学习期

职业学习期又可以称为准备期，它是一个人就业前从事专业与职业技能学习的重要时期，是人生职业生涯的起点，也是职业理想、职业兴趣、职业能力等素质形成的主要时期。进入高等职业院校的学生正处于这段学习和准备时间。当然，对于生涯起点的这段时间，绝大多数学生能够理智地根据自己的条件选择相应的职业学习，但是也有一些学生对职业生涯的起点比较盲目，没有作好准确的设计。

第二阶段：职业选择期

在这一阶段，学生们要根据社会需要和自己的职业素质与职业需求作出职业选择，进入职场。这是高职生职业生涯的关键一步，也是个人的职业素质与社会对接、碰撞和获得认可的重要时期。如果个人职业生涯设计符合社会需要并基本满足个人需求，则后续阶段的发展相对顺利；反之，如果选择策略失误，可能会带来生涯的挫折，甚至需要重新进行职业定位。

第三阶段：工作初期——职业适应期

高职生毕业后走上职业岗位，社会开始对学生的综合素质进行检验。在这一阶段，学生们已经成为了职业人，成为基本具备工作岗位要求的人，能够初步适应特定职业的需要。但是作为职场"新手",还需要通过教育培训来达到职业适应。自身的职业能力、人格特点等素质与工作岗位的要求差距较大者,难于达到职业适应,需要重新进行职业选择。

第四阶段:工作中期——职业稳定期

这一阶段是人的职业生涯的主体,从时间上看也占据职业生活期的绝大部分,一般是在人的成年、壮年时期。这一阶段不仅是人们劳动效果最好的时期,也是人们养儿育女、担负繁重家庭责任的时期。因此,成年人往往倾向于稳定在某种职业,甚至某一特定岗位上。在职业稳定时期,如果从业者的素质能够得到发挥和提高,潜力得以体现,逐步成为职场"老手",甚至发展为"能手",就可能抓住机会,逐步取得成果,获得职业生涯的成功。

第五阶段:工作后期——职业衰退期

这一阶段是人们开始步入老年的时期。鉴于生理条件的变化,职业能力趋于缓慢地减退,心理能力也逐步降低,职业生涯则处于维持现状的阶段。但是由于社会发展和个人需要的原因,多数从业者在职场上的位置不如从前,因此在心理上产生焦虑。当然也有一些从业者,其智力并没有减退,而知识和经验还有着越来越多的积累,这种能力的发挥会使他们的职业能力得到提高,出现第二次创造高峰,进入职业生涯的第二个黄金阶段。

因此作为职业学校的学生要根据职业生涯发展各阶段的特点积极发展自己,自觉具备人的发展与职业人发展的必要素质。

一般认为,高职生的基本职业素质可分为图7-1所示的几方面。

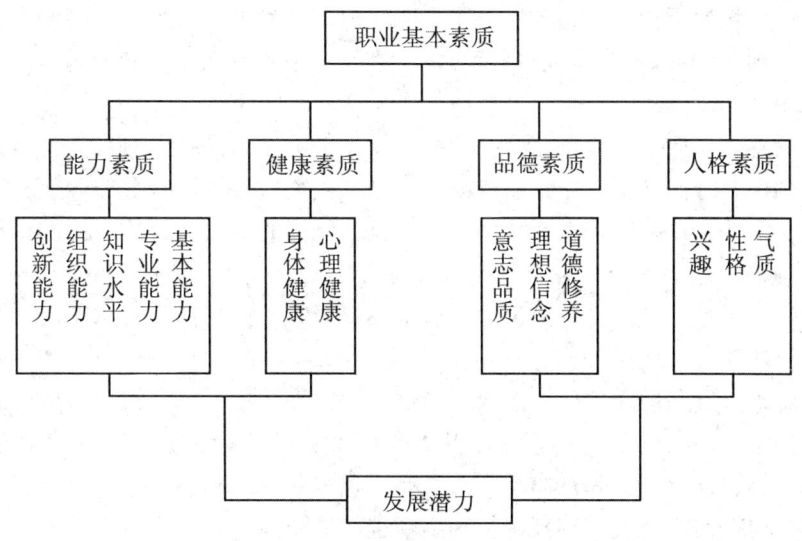

图7-1 高职生的基本职业素质

二、生涯规划的影响因素

（一）能力因素

职业生涯发展的能力因素对职业生涯目标设计的影响，主要表现在以下三个方面。

第一，能力是一个人能否从事某种职业、能否在生涯旅程中顺利成长和获得成功的条件。能力具有客观性，在设计职业目标和选择生涯道路时，要以"人职匹配"为基本原则。

第二，有的学生在智力和能力的每个方面都有突出的表现，而有的学生只在某个方面能力比较强，比如动手操作能力强，能较好地解决生产中的实际问题；或交际能力强，能联络多方、团结他人、维系组织。

第三，能力因素对于职业生涯固然重要，但是态度因素也有着巨大的影响，它对于能力因素有着激励、补偿以及促进作用。所以学生在设计职业生涯目标时，要坚持重视现有能力，更重要的是不断促进自己的能力发展。

（二）非能力因素

在个人生涯的道路上，能力因素和非能力因素相辅相成，缺一不可。一个人除了具备和培养一定的能力条件外，还应具备和培养良好的非能力因素即良好的个性心理品质，才能顺利发展，取得生涯的成功。良好的个性心理品质，不仅对人的成长和成功具有不可忽视的重要作用，而且比能力因素，特别是单纯智力因素的影响要大得多。成就大的人往往具有良好的个性心理素质，比如自信、乐观、谨慎、不屈不挠、执著顽强等；成就小的人的个性心理素质则明显劣于前者。这向人们揭示出一个道理：一个人要想成才，除了应该具备较高的能力水平外，还必须具备良好的个性心理素质，特别是良好的意志品质和理想信念，否则很难取得成功。

人的意志品质包括以下几个方面：第一，自觉性，是指人对自己行动的目的有着正确而充分的认识。第二，果断性，是指一个人善于明辨是非，能够当机立断作出决定并予以执行。第三，坚韧性，是指坚韧的毅力、百折不挠的精神。第四，自制力，是指一个人在行动中善于控制自己的情绪、约束自己的言行。第五，勤奋性，是指在活动中刻苦而执著地不懈努力。提高自己的意志品质是人们取得生涯成功的必要条件。

理想，特别是职业理想，是人们经过长期的理性思考及实践所形成的思想观念和精神支柱，信念是一种坚定不移的想法和身体力行的追求，包含了道德修养、责任心、社会观念和意志品质等，有了积极明确的理想信念，就会有勇气克服困难勇往直前，就会有创新精神和不断进取的动力。

当然职业兴趣以及正确的价值观也是职业生涯规划动力系统的组成部分。

三、职业生涯设计的目标

高职生在设定职业生涯目标时要进行总体性考虑，在时间、阶段、层次等方面给予关注。

（一）中短期操作目标

职业生涯的中短期目标是一种现实性的，具有实际价值的目标，是以长期的人生大目标为发展方向的行动性、操作性目标。达到短期目标的活动就是人们的职业活动实践，它意味着对人的职业道路的检验与调整。短期目标一般是学生毕业后三年至五年的目标；中期目标一般是五年至十年的目标。

在选择职业目标的时候，要注意以下几点：

第一，要把短期目标作为达到中、长期目标的初始步骤，通过一步步近期目标，逐步接近并最终达到中期和长期目标。

第二，要讲求目标的可行性和发展性，注意短期目标要易于实现；中期目标要与短期目标相衔接。

第三，目标应符合社会需要。个人经过努力取得的成果，若能满足社会需要，社会也能承认个人的成果，即认可人的职业生涯的价值。

（二）长期发展目标

要根据自身的职业兴趣、职业能力及职业需求发展潜力作为制定发展规划的重要因素。同时要把地区经济、产业、行业等发展趋势考虑在内，形成职业生涯的长期目标。它具有未来预期、树立人生理想、引导短期发展计划等功能。长期目标一般为10年、20年、30年的目标，是短期和近期目标所追求的最终"目标"。

四、职业生涯设计的标准

（一）定位准确，目标明确

高职生对自己所学习的专业要有一个清晰的认识，明确自己的专业所对应的职业群。要认同自己的职业兴趣与职业能力，确定自己的中短期发展目标。明确自己所在行业的发展趋势和方向，认清发展层次是高职生进行职业生涯规划的前提。定位的准确将直接关系到目标选择的合理性，针对不同时期确定相关而带有发展性的人生目标，设计出切实可行的中、短期与长期相衔接的职业目标，同时给予目标一定的弹性。值得注意的是，目标要具有可持续、可操作性，要与自我的需要和职业能力相符合，选择最有利于发挥自己优势的职业，即择己之所长。目标要符合社会发展需要，特别是地区需要。为此要潜心分析和研究，使自己的专业与社会需求相匹配、相适应。

（二）评估合理，操作准确

高职生要首先分析实现目标需要的各种资源，其次要对自己已具备和相对欠缺的资源进行评估,为后续的配置作好准备。知已知彼,百战不殆。个人的奋斗目标确定好了,就要进行分析和评估。设计一套评估方案,客观分析自己的优势资源与最欠缺的资源,努力找出需要不断补充和提高的资源。在做职业生涯规划的评估工作时,可以从理论知识资源、专业技能资源、人际关系资源、发展机遇资源等方面进行逐项评估。在进行个人能力资源评估时,一定要依据充分的客观资料,如评估的参照材料、行业的发展动态、相应的培训机构和内容等,否则评估的结果将是不准确的。

（三）层次明确,调整及时

在措施的制定上要有阶段性和层次性,实施的措施内容要先急后缓,先易后难。规划的实现需要一个长期的过程,必须经过一些环节,根据个人不同的起点来制定。"远景反推"是一个很好的参考,以若干年后要达到的目标为起点,设计好在将来两年、五年、八年里要做什么,这样的方式很好理解,而且易于操作。在阶段性实施方面,要明确的是在什么时间应该达到什么样的阶段目标,为实现这一阶段目标,又该作哪些努力,使自己的目标由低到高阶梯式发展。目标在实施过程中会得到各个阶段的反馈,要根据反馈的结果及时对目标作出修正和调整。比如,在确认职业目标阶段,一旦发现制定的目标因为某个不可抗拒的因素而无法实现的时候就要及时更改目标;在制定措施阶段,如发现自身的某些特质已经改变,可以根据现有的情况对实施路径进行调整。

五、职业生涯规划的调整

（一）进入职业后的体验与思考

1. 职业生活中的未知

高职生在顶岗实习以及进行初次职业选择后,总会遇到一些焦虑不安、左右为难的情况。对于不同的用工单位一时难以取舍是很正常的,因为大家对未来的职业和生疏的工作环境缺乏认同感、归属感和安全感,留有许多"未知"待解,主要会出现以下几种现象:第一,对于职业自我的认知是主观的,缺乏心理准备;第二,对陌生职业环境是否能够接纳自己是不确定的,感到茫然;第三,对自己的择业决策与其结果忐忑不安,不知道自己选择的岗位是否就是自己喜欢和可以胜任的;第四,个人对未来的预期具有不确定性,甚至是不得已而为之。

2. 职业生活中的已知

学生在就业后的三至五年间正处于职业生涯的初期,初步完成了职业适应,有了一定的职业实践经验和感悟。在职业活动中,初步体验了职业环境对自己的认同与接纳情况,了解了个人所从事职业的收益和机会成本,对自己未来的认识和期望也逐渐清晰。特别是对于刚刚进入职业活动初期的许多"未知",通过职业体验后,找到了部分答案。但仍然是肤浅的和片面的,还需要有更长期的职业阅历和更多的对社会、岗位以及自身的进一步了解，才能得到更深入、更全面的认识。因此，人们在基本完成职业适应以后，当出现新的从业机会的时候，仍然需要不断对自己的职业生涯进行设计和再设计。

（二）熟悉职业后的体验与思考

生涯之路是要不断向前延伸的，每个人对自己和职业的认知也是不断发展演进的。人们通过中短期的职业生涯实践，在有了比较丰富的职业经历以后，对自己的职业兴趣、职业能力和价值观取向有了比较充分的自省，基于对职业环境与自身特点的感悟，也会对自己从事的职业产生一种心理认同。这种在心理上的认同，使得人们真正愿意从事某一种职业乃至终生从事该种职业。当然，人们在一定阶段对其所从事的职业认同并非等于一定要终生从事那种职业。自己所从事的职业能够满足自身的心理需求，不等于满足发展性的各种需求。这种职业认同基于心理需求和价值观取向以及人的发展性需要。为此我们可以通过三个方面进行思考，并作出调整。

1. 基于职业态度的变化

同一种职业对于不同的人有着不同的意义，也就是说不同的人从事同一种职业是基于不同的价值观，有着不同的目的。美国职业社会学家泰勒指出，同样是当警察，有的人是看重警察作为"政府公务员"的职业稳定性；有的人是为了打击罪犯、维护社会正义；有的人觉得当警官威风；有的人则乐于干探索性、冒险性的工作。如果从业者对目前从事的职业价值取向发生变化时就有可能作出相应的调整。

2. 基于职业价值的变化

一个人在原有工作和前途很好的情况下转换职业、重新选择，是基于新的职业更加符合自身的心理需求、对于自己有更大的价值、与自己从业的根本目标更为趋近。由于社会的发展，行业、岗位、工种等因素都在发生着变化，作为从业者在较长时间的职业活动中积累了经验和阅历，相关的能力也得到了发展，职业选择的深度和广度都会发生变化，因此需要对职业选择进行更理智、更恰当的重新定位。

3. 基于职业流动的变化

作为职业人会在不同部门和岗位上进行流动，这显然是基于不同部门同种职业对于人的价值和效用的不同。美国管理学家薛恩提出了著名的"职业锚"理论，他把认同职业的主要因素分为"技术性能力"、"管理能力"、"创造力"、"安全与稳定"和"自主性"五个方面，在重要性排序上反映了个人的个性特征。这反映出人们对于职业人生价值的理性认知，使人们在具有比较长期的职业体验以后，能够比较好地认识自己，比较清楚地了解职业世界与自身的关系，比较现实与合理地估算从事某种职业的成本和收益，从而在职业生涯中期乃至后期,对于个人职业生涯有比较正确的认识和符合理性的塑造。职业锚理论强调了人们在职业因素以及个人职业需要方面的价值取向,而"锚"所固定的因素是不同职业人在职业(岗位工种)选择上的区别。

六、职业与人格类型的匹配

每一个人都有自己的个性特征,而每一种职业都有其工作性质、环境、条件、方式的不同,对从业者的能力、知识、技能、性格、气质、心理素质等有不同的要求,因此要根据个性特征与相对应的职业种类进行匹配。

(一)气质类型理论

一种人格与职业群对应的理论是气质类型与职业匹配理论。人的气质没有好坏之分,但一个人的气质类型却能影响一个人的工作效率,因而这是无论个人做生涯规划还是用人单位在挑选学生的时候都要考虑的因素。

1. 多血质(活泼型)

多血质的心理特征属于敏捷好动的类型。性格开朗、热情,善于交际。但情绪多变,富于幻想,易于浮躁,时有轻诺寡信、缺乏忍耐力和毅力。这种类型的人适合从事与外界打交道、灵活多变、富有刺激性的工作,如外交、管理者、记者、律师、导游、公安、驾驶员、运动员等,而不太适合做精细的、单调的机械性工作。

2. 胆汁质(兴奋型)

胆汁质的心理特征属于兴奋而热烈的类型。表现为有理想、有独立见解;精力旺盛,行动迅速,行为果敢,表里如一。言谈举止方面给人以热情直爽、善于交际的印象;遇到困难也不屈不挠,有魄力,敢负责,但缺乏细心,感情用事,自制力差,性情急躁,主观任性,有时刚愎自用。工作带有明显的情绪周期性,能以较大的热情投身于事业,一旦筋疲力尽,情绪顿时转为沮丧而心灰意冷。适于从事的职业有导游、推销员、节目主持人、公共关系人员、企业家等。

3. 黏液质(安静型)

黏液质的心理特征属于缄默而安静的类型。对外界反应较迟缓,凡事力求稳妥,具有很强的自我克制能力,很少露出内心的真情实感。心境平和,沉默少语。能够高质量地完成那些要求有定力和需要长时间集中注意力、有条不紊的工作。其不足之处是过于拘谨,不善于随机应变,常常墨守成规,故步自封。适合的职业有教育工作者、研究人员、技术人员、医生、律师、会计、法官、调解人员、管理人员、外科医生等。

4. 抑郁质(抑郁型)

抑郁质的心理特征属于呆板而羞涩的类型,对环境敏感,精神上难以承受过大的精神紧张,常为微不足道的小事引起情绪波动。少有在外表上流露情感,但内心体验却相当深刻。沉静含蓄、感情专一、喜欢独处、交往拘束、性格孤僻，工作求稳不求快，因而显得迟缓刻板。易疲倦、怯懦、自卑、优柔寡断，遇事多疑，缺乏果断和信心。适合的职业如：学术研究、教育工作、校对、录入、排版、检验员、化验员、登记员、保管员等。

（二）职业人格类型理论

美国著名心理学家霍兰德提出了六种职业类型与六种人格类型相匹配的理论。六种人格类型与相对应的职业群有以下关系。

1. 实际型（R）：喜欢有规则的具体操作和具有操作技能的工作，不太善于社交和大场面的工作岗位。这种人格类型的人，从事的职业主要是技术、技能性强的职业，如：厨师、电器修理工、农场工人、司机、制图员、机械装配工、仓库保管员、门卫等。

2. 研究型（I）：具有聪明、理性、好奇、精确、批评等人格特征，喜欢智力的、抽象的、分析的、独立的定向任务，但缺乏领导才能。其典型的职业包括科学研究人员、教师、工程师、医生、仪器维修人员等。

3. 艺术型（A）：具有想象、冲动、直觉、无秩序、情绪化、理想化、有创意、不重实际等人格特征。喜欢艺术性质的职业和环境，不善于事务工作。其典型的职业包括艺术方面的职业，如：演员、导演、艺术设计师、服装设计师等；音乐方面的职业，如：歌唱演员、词曲作者、乐队指挥等；文学方面的职业，如：诗人、小说与戏剧作者、广告撰稿人等。

4. 社会型（S）：具有合作、友善、助人、负责、圆滑、善社交、善言谈、洞察力强等人格特征。喜欢社会交往、关心社会问题、有教导别人的能力。适合从事教育工作类，如：教师、教育行政工作人员、宿舍管理员、健美教练；社会工作类，如：咨询人员、公关人员、房管员、儿童家庭教师、警察、引位员、传达员、保姆等。

5. 企业型（E）：具有冒险、野心的人格特征。喜欢从事领导及企业性质的职业，性格独断、自信、精力充沛、善社交。适合的职业包括：政府官员、企业领导、销售人员、保险人员、各类进货员、仓库管理员、会计、播音员、理发师、驯兽员、驾驶员、导游等。

6. 传统型（C）：具有顺从、谨慎、保守、实际、稳重、有效率等人格特征。喜欢系统有条理的工作。适合的职业包括：秘书、办公室人员、计事员、会计、行政助理、图书管理员、出纳员、录入员、速记员、税务员、统计员、交通管理员等。

心理辅导活动：

1. 目的：通过活动使学生了解霍兰德职业类型理论。

2. 内容：人职匹配。

3. 过程：首先通过一个游戏进行体验。请从下面描述的六个岛屿中选择最希望到达的岛屿和最不希望到达的岛屿。然后为准备登上的岛屿重新命名；确定各自登岛后与当地居民联系的任务；作好登岛后的从业准备。最后确定自己的人格类型及适合的职业。

美丽浪漫岛：那里到处是美术馆、音乐厅，弥漫着艺术文化气息，岛民们保持着原始的舞蹈、音乐与绘画技能，有许多文艺界的人士都来到这里，参加沙龙、派对寻找灵感。

现代井然岛：那里处处耸立着现代建筑，标志着这是一个进步都市形态的岛屿。岛上的户政管理、地政管理和金融管理都非常完善。岛民们各个都冷静保守，处事有条不紊，善于组织规划。

深思冥想岛：这个岛绿野无边，人少僻静，适合夜晚观星。因此岛上建有很多天文馆、科技博物馆和科学图书馆。岛上居民喜欢在自己的小屋子里苦思冥想钻研学问，一些哲学家、科学家和心理学家在这里交流思想、讨论学术。

自然原始岛：这是一个自然生态优良的绿色之岛。岛上不仅保留着热带雨林等原始生态系统，而且建设了相当规模的植物园、动物园、水族馆，岛民以手工制造见长，他们自己种植蔬菜、培植瓜果、修缮房屋、打造器物、制作工具。

温暖友善岛：这个岛的居民都性情温和，乐于助人，人际关系友善，大家互相合作，重视教育后代，每个街道都建有密切而可以互动的服务网络，处处充满着人文关怀的气息。

显赫富庶岛：该岛经济高度发展，处处都有高级饭店、俱乐部、高尔夫球场，岛民性格热情豪爽，善于企业经营和贸易活动，岛上往来者多是企业家、经理人、政治家、律师等。这些商业名流与上等阶层人士在岛上享受着高品质的生活。

从每个人所选择的岛屿可以确定各自的人格类型：

美丽浪漫岛： A——艺术型

现代井然岛： C——传统型

显赫富庶岛： E——企业型

深思冥想岛： I——研究型

自然原始岛： R——实际型

温暖友善岛： S——社会型

第二节　高职生职业生涯的影响因素

一、影响职业选择的因素

(一) 需要与职业

人们的行为都是从需要开始的，需要是人的行为的基本动因，是推动人们不断向前奋斗的内在动力。职业需要是建立在劳动所创造的物质和精神财富的基础上，是在个人参加社会劳动的数量和质量的基础上体现的，同时制约着个人需要满足的水平。只有从实际出发，脚踏实地地将个人的主观愿望同客观实际结合起来，才能实现自我需要的满足。高职学生在选择职业的时候，一定要先了解自己当前最需要的是什么，明确之后，再去作出职业选择决定。

（二）兴趣与职业

兴趣是组成个性心理倾向的一个重要方面，是人们有意识、有目的地认识与反映现实、从事某种活动的动力。在职业选择中，如果我们对某种职业活动产生浓厚兴趣，就会集中注意力，激发你深入探究职业的热情。兴趣与职业目标、社会责任感融合起来转化成职业兴趣。重视职业兴趣的培养，明确自己的专业方向、专业要求，通过认真学习、刻苦钻研，掌握扎实的文化知识和熟练的专业技能，才能适应现代社会知识技术的不断更新和职业结构的不断变革，才能在职业选择中具有强有力的竞争力。了解自己的兴趣所在，在职业学习与实践中培养职业兴趣，才能使自己得到成长。

（三）气质与职业

气质是指心理活动在强度、速度、灵活性及指向性上的典型而稳定的个性心理特征，是个性结构中最稳定的成分。气质没有好坏之分，但却是现代企业招聘员工的重要参考标准。气质特征影响一个人的择业活动，也影响一个人职业活动中的职业成就。当然，在一般的职业活动中，由于个人气质特征的互补性，是允许不同气质特征的人同时存在的，而且实践也证明具有不同气质特征的人可以从事同一职业活动。然而对于气质类型不同的从业者来讲，其职业的适应性与职业成就却大不相同。心理学家将气质划分为多血质、胆汁质、黏液质、抑郁质四种类型，气质类型与职业类型确有密切相关。高职学生在职业选择中，可以认真考虑自己的气质特点，充分发挥自己的个性优势，针对自己的气质类型实现与职业的最佳匹配。

（四）性格与职业

性格是个性心理特征的核心，是个人在长期生活实践和环境因素作用下形成的比较稳定的心理特征。人的性格与职业的适应性有着密切的联系，各种职业都需要有相应性格的人来工作，而某种性格的人又比较适宜从事某些职业。与职业相关的性格就是职业性格。当今社会的职业种类繁多，而每个人往往同时具有几种职业性格的特征。性格，特别是职业性格是可以通过后天的自觉努力来培养的。要适应职业岗位的要求，就必须格外关注个人职业性格的培养，在任何环境和工作条件下，都能很好地完成角色转变，不断完善自我的性格特征。

（五）能力与职业

能力是个人顺利完成某种活动所需要的并直接影响活动效率的个性心理特

征。能力总是存在于具体的活动之中，并通过活动表现出来，离开学习谈不上能力的提高与发展。高职学生在步入职业生活之前，首先需要培养社会一般通用能力。人际交往是通用能力的重要内容，高职生进入职场后，与他人之间在职业活动方面相互联系，形成心理沟通和信息交流，并通过人际关系在社会环境中生存与发展。另外，职业能力是影响职业活动效率的极其重要的心理因素，在从业后要按照单位的实际需要进行不断提高。

（六）价值观与职业

职业价值观是一个人对各种职业价值的基本认识和基本态度。是人们在选择职业时的一种内心尺度。它支配着人的择业心态、行为以及信念和理解等；支配着职业人认识工作对自己职业发展的意义以及自我了解、自我定位、自我设计等；同时也为正当的职业行为提供充足的理由。职业价值观是个人职业需要的重要体现，人们在选择职业时所看重和追求的大体有以下几个方面：

第一，薪酬待遇。因为工作能够明显有效地改变自己的财务状况，因此将薪酬作为选择工作的重要依据。有此种价值观的人，工作的目的或动力主要来源于对收入和财富的追求，并以此改善生活质量，显示自己的身份和地位。

第二，兴趣特长。以自己的兴趣和特长作为选择职业最重要的因素，能够扬长避短、驱利避害、择我所爱、爱我所选，可以从工作中得到乐趣，得到成就感。持此种价值观的人，会拒绝做自己不喜欢、不擅长的工作。

第三，人际关系。将工作单位的人际关系看得非常重要，渴望能够在一个和谐、友好甚至被关爱的环境中工作。

第四，劳动条件。希望工作能够免于危险和过度劳累；免于焦虑、紧张和恐惧，使自己的身心健康不受影响。

第五，自我成长。工作能够给予受培训和锻炼的机会，使自己的经验与阅历能够在一定的时间内得以丰富和提高，同时使自己的专业和能力得以全面运用和施展，实现自身价值。

二、影响成才的因素

为了能顺利成才，应该了解成才要素，掌握成才规律，遵循成才的规则。一般说来，一个人要成才离不开社会和个人两大要素，社会要素表现为境遇；个人要素表现为才能、努力、品德、身体和目标。

（一）境遇方面

境遇是指社会为人才成长提供的环境、机遇，是人才成长的舞台。从宏观上看，一方面，不同的时代造就不同的社会环境，一旦环境具备，就会激活和创造那一个时代的英才。如果没有法国大革命，拿破仑也许是个并不出名的波拿巴将军；另一方面，社会需要创造机遇，社会一旦对某种人才产生需要，则这种需要就会比几十所大学更能创造机遇、造就人才。从微观上看，一个人生活的家庭、工作等小环境对他的成才也产生很多的影响。家庭影响是多方面的，其中早期教育为人才成长打下基础；经济状况为人才成长提供物质保障；文化条件为提高人才层次铺设阶梯。良好的工作环境为人才成长找到理想与社会需要的契合点，促进成才。

（二）才能方面

才能指一个人的天资和能力，是成才的首要条件。众所周知，天资是先天的成分多，而能力则多来自于后天的学习和训练。能力有见识能力、学习能力、创造能力等。能力的培养和训练及其选择应与自己的天资相适应，以最大限度地发挥个人的天资为限。

（三）努力方面

努力就是把自己的力量尽量发挥出来以达到其成才的目的。将自己的力量尽量发挥出来关键在于勤，要勤学习、勤思考、勤动手，才能将自己的才能发挥出来，到达成功的彼岸。

（四）品德方面

品德是指一个人的德性、道德品质。既有才能，又很努力，但如果品德败坏，是不可能成才的。古今中外，这样的例子很多。卢刚原是某大学物理系的一名高材生，后到美国学习深造，他冷酷自私，在与同学竞争处于劣势的情况下，出于嫉妒心，杀害了6名老师和同学，然后自杀身亡。

（五）身体方面

身体是指一个人的生理及心理的健康状况，是成才的生命基础。举世闻名的成功者由于身体不好而过早夭折的现象不胜枚举：著名诗人李贺仅活了27岁，别林斯基活了37岁。还有因为心理不健康，稍遇打击或挫折就寻死觅活的人才，年轻诗人海子、顾城等人的自杀就是鲜明的例子。

（六）目标方面

目标是一个人想要达到的境界或标准，是成才的内在驱动力。辛立洲在《人生设计原理》中指出，从前人成功的经验中可总结出三种成才方式。

第一种是内发式成才，过程为：立志—坚持—社会需要和支持—砥砺—成功。

第二种是他导式成才，过程为：无此志—被人发现潜能—社会需要与支持—勤奋—成功。

第三种是碰偶式成才，过程为：无此志—社会环境偶然选择—社会支持—勤奋—成功。

第三节　高职生就业现状与问题

高职生是当今社会具有"高素质"的技术型人才。小王是某高职院校的女学生，专业是服装表演，人长得亭亭玉立不说，英语水平已经达到四级，钢琴考取了九级，各方面都很优秀。在毕业分配时，确实有多家大型的传媒公司、影视公司和广告公司愿意签约，这时小王却犯了难：待遇好的公司比较辛苦；自己喜欢的公司离家又比较远；社会地位比较高的公司签约条件又比较高；比较安逸的岗位又不对口。本来挺好的一件事，闹得小王寝食不安，什么都想要，但是鱼和熊掌又不能兼得。这时同学小张的一句话使小王蓦然清醒。小张没有小王那么优秀，但是小张找到了一份适合自己的工作。小张对小王说："'神马都是浮云'，浮云总是在飘，只有冷静地变成雨，才能踏踏实实地滋润大地，最适合自己的就是最好的，你最看重的是自己喜欢的专业，这就是你的第一份工作！"小王真心地笑了。

每位即将毕业的高职生都有着不同的价值取向，其中总有一个是你确立的"职业锚"，它是你优先和重点考虑的，慎重选择是必要的，但是"该出手时"就要果断地"出手"。

一、高职生就业现状分析

（一）新兴职业应运而生

新的历史发展期必然会涌现出大批新的职业和岗位，主要集中在第一、第二产业的高新技术产业和蓬勃发展的第三产业，特别是 IT 产业。从分布情况来看，新职业主要分布于基因和转基因工程、遗传工程、生态农业、生化试验等高新技术领域；加工中心、环境监测、计算机辅助设计、计算机辅助制造、纳米材料生产等领域也冒出大批新职业；而新职业分布最广的是在社会服务领域。从我国近年来公布的 10 批新职业来看，"创意设计类"的职业较多，另外，"顾问类"、"科技类"、"保健类"等职业也在不断增加。我国未来大量的新职业将会在第三产业产生，既可能是全新的社会群体性工作，也可能是那些由于技术更新、原有的职业内涵发生了较大变化而从业方式也发生了质的变化的更新职业。

随着社会需求的增多、技术的发展，以及产业细分导致社会分工的细化和专门化，我国近年来的职业发展体现了这样两个特点：首先，职业分类越来越细，越来越专业。比如，银行职员这个职业有了更进一步的划分，更加专业化，出现了资金交易员、资金结算人员、清算人员等一些过去没有的职业。其次，职业的标准化程度提高，越来越与国际职业发展接轨。比如我们把以前的供销员改为市场营销员；企业和公司负责人也不再笼统地称为厂长或经理，而演变出不同层级的职业，比如董事长、总经理、CEO（首席执行官）、总监、部门经理、项目经理、企业文化师、CCO（首席文化官）、企业信息师、企业策划师等。

（二）技工职业方兴未艾

职业与经济、社会的发展水平密切相关。近年来，在新职业不断产生的同时，一些传统职业的内容不断发生变化，过去很多岗位、技术已经成为"夕阳"，而有些曾经接近消失的传统行业也正在通过产业升级、结构转换，积极寻求东山再起的机会，技工职业的备受重视与欢迎，就是强有力的证明。

"白领热"曾使技工类职业一度被人们所冷落，随着办公室岗位竞争的白热化，加上技工类岗位就业环境的日渐改善，技术含量的提升，以及薪资、福利待遇的进一步提高，"白领"与"蓝领"之间的差距得到缩减，技工类职业重回人们的视线。技工类岗位本身的职业稳定性相对较高，有利于个人的长期发展。因此，一些城市发展新兴领域的技工类职业也被纳入新职业中，如锁具修理工、汽车模型工、微水电利用工、激光头制造工、小风电利用工、霓虹灯制作员、印前制作员、数控机床装调维修工、轮胎翻修工、城市轨道接触网检修工、陶瓷工艺师、糖果工艺师、集成电路测试员等。

随着企业对"蓝领人才"的需求趋旺，加上"技工荒"的出现，使得高职毕业生成为抢手的"香饽饽"，起薪也有所上涨，高职毕业生就业正在逐步扭转"高就业、低工资"的尴尬。首先，产业转型升级逐渐成为高职院校专业设置结构调整的"风向标"，所设专业覆盖一、二、三产业及现代服务业，学生的就业层次和薪酬水平由此发生了很大变化；其次，用人单位"人才消费"渐趋理性，从重"学历"转向重"能力"，掌握一定技能的高职学生越来越成为就业市场的人才。

（三）高职生就业形势看好

高职生目前的就业形势与普通高校毕业生相比占有明显优势，其特点就是教育的专业性，而且在校人数已经超过普通高校。当前全国拥有技术优势的高职学生的创业舞台越来越大。发达国家的经验反复证明，再先进的科技成果，如果没有高素质技术工人的实际操作，也难以转化为有竞争力的产品。因此，很多发达国家非常重视职业教育和高素质技术工人的培养。高职学生所接受的教育是与市场经济发展紧密相关的各行业的专业技能培训。与普通高校毕业生竞争就业岗位时，有专业技术的高职学生往往更受用人单位青睐。此外，高职学校多以就业为导向，培养技能型、复合型实用人才，毕业后的学生完全可以根据自己所学的技能继续发展。

（四）企业重视高职学生

企业目前对高职人才的需求相当大，对一个企业来讲，真正的核心技术人才毕竟是少数，更多的还是站在生产第一线的劳动者。核心技术部门开发出来的技术和产品，最终还得靠一线的工人去生产，但企业现在最头疼的正是缺乏高素质，有较强动手能力和操作能力，有一定思想素质和修养的一线员工。不少企业推行全员竞争上岗机制，为高职学生提供了广阔的发展空间。不少企业生产一线、技术部门的组长岗位几乎全部都是由高职学生担任。用人单位需要"工作经验"是造成目前大学生"就业难"的主要原因之一，然而这却是高职学生的优势，高职学生就业目标务实、工资要求不高，也加快了高职学生就业率的走高。

（五）企业看重的应聘者的素质

除了对专业知识能力的要求和各自独特的用人标准以外，各个知名企业招聘选才时还有一些共同看重的标准。

1. 个人品质

要求有责任感、能自我管理、诚实正直、对企业忠诚、对用户诚信。

这是职业道德的基本要求，是知名企业用人的基本点和出发点，也是首要原则。他们在招聘员工时，诚信是最被看重的东西，如果应聘者品行不符合公司要求，就算专业水平再高，工作能力再强，企业也不会录用。

索尼公司很看重忠诚度。对他们来说，一个不忠于公司的人，再有能力，也没有录用的价值。他们采用终身雇用制，所以，机会只有一次，要么成为公司终身员工，要么就彻底地被排除在这个组织之外。

2. 学习能力

现代知识更新很快，甚至有人说"知识三年不用就过时"。即使是人才，如果没有很强的学习能力和悟性也会很快在这个社会的飞速发展中被淘汰。读书方法与自学能力是学习能力的重要方面。

欧莱雅等众多知名企业十分重视应聘者是否具备良好的学习能力和强烈的求知欲。在招聘应届毕业生时，企业往往将这两方面作为考察的重点。

他们认为，自己拥有非常完善的培训系统，所以应聘者是否具备业务操作能力在招聘时并不是很重要，重要的是一定要有强烈的求知欲和良好的学习能力。只要拥有了学习能力和求知欲，就不怕新人缺少业务操作能力，因为他可以很快学会。并且，拥有这两点能力，新人还有能力时时更新自己的知识储备，这样的人才永远不会过时。

3. 创新能力

创新能力是推动知识经济发展的核心动力，也是现代社会使用频率很高的一个词汇。它包括了各方面的创新，如技术、产品、制度、管理、营销、文化、观念、质量、品牌、服务等。

企业发展必须要有创新精神，没有创新就没有企业的未来。所以知名企业用人不仅看他是否能胜任现任工作，更重要的是要看他有没有创新能力。

创新精神在某种时候会表现为冒险精神，即使这样，知名企业也宁愿要冒险的人而不要在发展规划中表现得过于保守的人。

4. 融合能力

企业在招聘过程中常常会考虑到员工是否能够认可和适应该企业的价值观和企业文化，因为这将决定员工是否能够很好地为企业服务。这在外企中尤为重要，因为外企更强调开放、融洽的工作环境，如果不能尽快接受公司文化，融入公司环境，将不利于建设开放的环境。

索尼公司在招聘过程中就把员工能否适应日本文化，尤其是索尼的企业文化作为重点的考核内容。

除了对于企业价值观和文化的认同，融合能力还包括是否具有工作热情，只有具有工作热情，才能尽快认同企业文化，才能具有创新意识和激情。金山公司在招聘中就认为，选择"能之者"不如选择"好之者"。

5. 团队精神

团队精神就是团队合作的能力和协调交流的能力。就是强调要懂得并善于与他人合作，发挥团队战斗力的能力。

许多知名企业都尊崇"员工就是合伙人"、"企业就是大家庭"的管理理念。他们并不强求员工的个人能力，但必须要有团队精神，能服从团队利益，他们利用企业文化把员工紧紧拧成一股绳，抱成一团，作为市场竞争中的锐利武器。

世界知名快递公司 UPS 在招聘时期望新进员工能有团队合作精神。他们绝不因为个别员工的出色表现而奖励个别员工，他们只奖励整个团队。

苏宁电器也将团队合作精神作为对员工的基本要求。人品优先、能力适度、敬业为本、团队第一是苏宁的人才观，他们十分倡导分工协作和团队合作。

6. 沟通能力

在信息时代，有效沟通变得越来越重要。如果信息是力量的话，那么能够最有效地进行沟通的人就是最有力量的人。

能够有效沟通，意味着能够清楚而具有说服力地传递信息、想法以及态度。在这样的背景下，有效沟通技能就在人才市场上受到高度重视。雇主希望员工不仅具有基本的表达能力和写作技能，而且要在沟通方面做得非常出色。

为了提高员工的沟通能力，摩托罗拉公司对招进的员工有进一步提高英语水平的安排，使员工能够克服语言障碍，做到沟通的顺畅。

7. 发展潜质

发展潜质主要有三个方面：分析力、成就力和关系力。

知名企业重视文凭，但不惟文凭，看重的是应聘者未来的发展潜质。

盖茨曾说过："在我的公司里，我愿意雇用有潜质的人，而不是那些有经验的人。因为从长远来看，潜质更有价值。"

（六）招聘者的用人心态

1. 求"专"心理。专业对口是用人单位录用人才的首要标准，尤其是一些工科、经济、法律等专业性很强的单位。所以毕业生求职首先应找专业对口的单位，这样可大大提高命中率。高职生还要学会突出自己实践能力强的长处。

2. 求"全"心理。要求毕业生一专多能、多专多能是用人单位的重要标准。

目前社会上风行的考证热，实际上就是这种心理的反映。证多不压人，高职生除了计算机证书外，最重要的是要持有与自己专业对应的职业资格证书。在求职时，毕业生应亮出别人可能没有的证书，以体现自己的优势，满足用人单位的求全心理。

3. 求"通"心理。求通心理是近几年，尤其是我国加入世界贸易组织以后，众多用人单位对人才的强烈要求。精通某专业，又能在相关领域大显身手，这样最受欢迎。有能力的学生千万不要"犹抱琵琶半遮面"，应把自己的本事一个不少地抖出来。

4. 求"变"心理。求变是指用人单位面对瞬息万变的社会对人才所作出的要求，希望求职者心理素质好，应变能力强，对不断变化的情况能及时调整心态积极应变。

5. 求"异"心理。求异是指一些单位喜欢选择一些有奇思妙想、富有创造力的求职者，以能在险象环生的商战中出奇制胜。

6. 求"优"心理。求职者既当过学生干部，又是专业能手，会为众多用人单位，尤其是国家机关、事业单位所看中。

7. 求"诚"心理。招聘者大多喜欢为人诚恳，对人对事能坦诚相待的求职者，为此，求职时一方面应展现自己的优良素质和能力；另一方面，对不了解或不太了解的问题，应诚实告之，千万不要不懂装懂。

二、高职生就业的心理问题及其调适

(一) 高职生就业的心理问题

1. 缺乏自信

一些高职学生对自己的能力缺乏了解和自信，不敢竞争，尤其在遇到挫折时，很容易产生强烈的自卑情绪，觉得自己事事不如人，从而对自己的职业前途缺乏正确的认知和明确的方向。

2. 期望过高

有些高职生自认为动手能力强，因而盲目自大。在求职时，往往自以为是、好高骛远，对所要从事的部门、岗位期望值很高，要求工作清闲体面、工资待遇丰厚，也有学生对用人单位过于挑剔、责备求全，因此很难找到自己满意的工作。

3. 焦虑不安

刚走出校门的学生，缺乏足够的社会经验，因而对选择职业这一人生大课题产生焦虑心理。比如过度担心求职中的困难和结果，整日忧心忡忡而不能释怀，时间久了就会产生过度焦虑。特别是一些性格内向、能力一般而又不善于表达的学生，往往表现得更为严重。

4. 过分紧张

一些学生在面试中缺乏自信，表现为紧张不安、手忙脚乱。面试中面红耳赤、大汗淋漓、语无伦次、答非所问。还有的高职学生在求职过程中谨小慎微，生怕说错一句话，担心一个问题答不好，会影响自己的"第一印象"，以致缩手缩脚，妨碍了正常水平的发挥。

5. 情绪冷漠

有的高职学生由于学历不被某些企业接纳，因而导致情绪冷漠、愁眉不展，严重的甚至产生抑郁心理，精神负担重，整日萎靡不振，影响正常生活和后续的求职过程。冷漠是遇到挫折后的一种消极心理反应，是逃避现实、缺乏斗志的表现。一些高职学生在求职过程中因受到挫折而感到无能为力，失去信心时，会出现不思进取、意志麻木等反应。

6. 过分依赖

持这种心理的学生往往是因为过惯了校园生活，对父母和学校的依赖性很强，一旦独立面对社会，面对社会角色的客观要求，面对复杂的社会关系，常常产生抵触逃避心理。在求职过程中，总是寄希望于学校的安排，或依靠家长的四处奔波，缺乏择业的主动性，使自己处于劣势。

7. 嫉妒情绪

嫉妒心在高职学生中是比较常见的一种心理。在求职问题上，嫉妒心理的表现为，看到别人某些方面求职条件好，或找到比较理想的工作时，产生羡慕，转为痛苦又不甘心的心态。嫉妒心重会影响人际关系，同时内心痛苦和烦恼，会影响求职的顺利进行。

8. 盲目攀比

一些高职生在求职时不是从自身实际出发，而是与同学攀比，特别是看到与自己成绩、能力差不多的同学找到令人羡慕的工作，就认为自己找不到理想职业会很没面子。为了获得心理上的平衡，将自己择业的目标设计得过高，其结果是高不成、低不就，错失了一些就业机会，陷入被动之中。究其根源在于盲目攀比和虚荣心作怪。

9. 优柔寡断

虽然已经确定了选择意向，但仍然抱着看一看、比一比的念头，签协议一拖再拖，总觉得还会有更好的单位等着自己，机会就这样从眼前溜走了；同时被几家用人单位选中，自我感觉都不错，但又都不理想，左右为难、举棋不定。

10. 惧怕竞争

幻想不参与竞争，不经过努力就可以如愿以偿地找到理想职业。这种心态严重者会陷入自我欣赏、自我陶醉的幻觉之中，梦想用人单位会主动降临面前。由于自己的择业目标与现实产生很大的反差，很难找到理想的职业。

（二）高职生就业的心理调适

1. 焦躁心理的调适

要克服求职过程中的过分焦虑心理，就需要打破事事求全、求顺的想法，增强竞争意识。其实求职过程本身就是一种自我的挑战，是一个优胜劣汰的过程。即使找到了比较理想的职业，如果不继续努力，也还可能丢掉这份工作。有竞争必定会有风险和失败，只要确立了竞争意识，就不怕风险和挫折，焦虑的心理必定能得到适当缓解或克服。同时，高职毕业生还应克服择业心切、急于求成的思想，要认识到越急越容易造成择业失败，而失败的体验又会强化沮丧和焦虑情绪的蔓延。要客观地分析自己，合理地设计求职目标，不盲目与他人攀比，更不应有从众心理，尽量减少挫折，这样会减轻焦虑的程度。可以采用合理的情绪宣泄和放松的方法来减轻焦虑。宣泄是将自己的忧虑向亲人、朋友、老师倾诉，甚至可以在亲友面前痛哭一场。但是，宣泄一定要注意场合、身份、气氛，注意适度，应是道德的、守法的和无破坏性的，宣泄只是手段而不是目的，因此对于宣泄也不可形成依赖。至于放松，有很多种方法，如冥想放松法，可以让放松者发挥自我想象和自我暗示的能力，达到放松的目的；还可以听听音乐、进行体育运动等。

2. 自卑心理的调适

要消除自卑心理，重要的是要正确地认识、评价和调整自己，纠正过低的自我评价，实践中可以采取以下方法：

第一，优点列举法。列举自己的诸多优点，请同学和父母帮你写出"同学眼中的我的优点"、"父母眼中的我的优点"，将所列内容综合后，最大程度地挖掘自己实际存在的优点和优势，要始终激励自己"我是最棒的"，"我一定能行"。

第二，能力展示法。要克服自卑感必须学会恰如其分地表现自己的才能。如学会如何平静地与人交谈，如何接近陌生人，如何同别人握手寒暄，如何进行开场白，如何使谈话继续和终止等技巧。

第三，自我暗示法。在参加面试或去企业实习时，要学会暗示自己，不要计较别人的议论。失败、成功都是自己的事，无需担心他人的议论；在应聘中暗示自己，如果此次面试不行，还会有下一个机会，这个单位不录取，还有其他的单位在等着自己。在面试现场还要暗示自己，面试无非是一场谈话，尽量使自己放松，坦然大方地面对挑战。

第四，成功体验法。在学校期间，可以尽量多地参加一些社会实践活动和实习观摩活动的组织策划等，通过丰富的体验，获得成功的愉悦，激励自我不断发现自己的能力，提高自信心。

3. 自负心理的调适

高职学生求职时不能没有自信，但是不可自负。自负的人不能客观看待自己的优势，夸大了自己的优势。当心目中的过高目标无法实现时，便会产生失望、挫折的心理。克服盲目自信的主要方法是对自我的正确认知，主要包括以下几个方面：

第一，社会比较。要将自己与社会上其他人作比较，通过社会上其他人对自己的态度来认识自己。如果一个人对自己的评价与他所获得的各种比较信息基本一致，基本可以认为他的自我认识发展比较好，比较客观；如果不一致，差距太大甚至相反，表明他的自我认识发展不好或不够客观，缺乏自知之明。

第二，自我反思。自我反思也叫自我反省，通过反省明确自己的专业发展方向，发现自己的优势不足和调整目标，明确自己的志趣爱好，了解自己的性格气质，进而找到自己最适合干什么工作，使自己在择业过程中处于积极主动的位置。

第三，心理测验。高职学生可以根据自己的需要选择权威可靠的心理测验，如能力测验、人格测验、兴趣测验等，对自己的能力倾向、兴趣和性格作一个客观评估，这在某种程度上可以帮助自己正确认识和评价自己。

4. 依赖心理的调适

依赖他人的帮助，高职生有可能会找到一份好工作，但是从长远来说，依赖心理对毕业生的社会适应却具有两面性。因为依赖习惯会使人逐渐丧失自信、失去自我，不相信通过自己的努力会达成自己想要的目标。自信心和自我效能感即相信通过自己的努力可以完成任务的自信程度的心理，对于一个人的成功、价值体现越来越重要。要克服依赖心理，一方面要充分认识到依赖心理的危害，提高自己的动手能力，不要什么事情都指望别人，遇到问题要作出属于自己的选择和判断，加强自主性和创造性，学会独立地思考问题；另一方面，要在生活中树立自觉行动的勇气，自己能做的事一定要自己做，自己没做过的事要力争锻炼去做，通过亲身体验、直接行动来不断累积成功的经历，强化自己动手的习惯。

5. 从众心理的调适

适度的从众，即认为多数人的行为和意见是正确的而怀疑自己的判断，在一定程度上有助于人们遵从一定的规范，形成一致的行为，实现群体目标。但其消极影响不容忽视，因为从众倾向于形成标准统一的行为模式，排斥与众不同，有时会窒息人们的创新精神，也不利于人们个性的发展。高职学生在就业问题上首先要克服过度的从众心理，要了解自己的特点和价值观，根据自己的实际情况，形成一种脚踏实地的务实态度，避免盲目随大溜；其次，克服从众心理需要适当表现自己，做回自己，跨越"从众"的矮墙，告别平庸，走向卓越。

6. 自责心理的调适

要克服挫折感和自责感，高职学生首先要学会积极的思维方式，学会将思维中的负性词语改为正性词语。在遇到困难时要坚信"那只是暂时的"，其次，求职目标应保持一定的灵活性。如在正确了解职业要求和自己特长的基础上，制定一个分为高中低三个不同档次的求职目标，根据自身实际，适时调整求职目标，有针对性地投放简历和参加招聘会。此外，适度的倾诉宣泄和放松练习也有助于减轻自责心理。

7. 嫉妒心理的调适

要克服嫉妒心理，最好的方法是提高自己的能力。克服嫉妒要学会与人协作。一个人的能力总是有限的，别人的长处你自己也不可能全都具备。所以，有时候你应该承认自己技不如人，在向他人学习的同时学会与人协作，只有这样，才会克服嫉妒心理，提高自己在集体里的人缘，同时增强自己的综合力量。好的人缘也会为自己求职带来更多的信息和途径。克服嫉妒心理还需要树立正确的竞争观，化嫉妒为动力。一个人在嫉妒别人时，总是注意到别人的优点，却不能注意自己比别人强的地方。当个体有意识地想一想自己比对方强的地方，就会使自己失衡的心理天平重新恢复到平衡的状态。

（三）高职生就业要注意的问题

1. 就业不要在乎单位的属性

高职毕业生在第一次就业过程中不应过分挑剔上岗单位的规模和性质。应该把人才需求量大的个体企业、民营企业、股份制企业作为就业的主渠道。

2. 主动出击的就业理念

要打破等、靠、要的求职观念，高职毕业生应主动进入劳务市场，按照"双向选择、竞争就业"的规则积极主动参与求职活动，这是社会发展对高职生的要求。随着市场经济体制的完善，人才劳务市场也日臻完善，只有主动出击寻求更多就业机会，才能实现顺利就业。

3. 不唯专业对口，只要发挥所长

市场经济条件下，工种、企业、行业不会一成不变，因而对人才的需求也会随之变化，高职生必须自觉适应市场的发展要求，灵活机动地调整自己的就业目标，发展专业所长和个人技能所长，在需要"改行"的情况下，要及时调整自我，不断完善自我，把自己培养成为一专多能、能上能下的新时代高素质职业人。

4. 先就业，后择业

高职生在选择工作单位和岗位时，不要谋求一步到位。要对自己和社会有正确的认识和分析，对就业单位、岗位的选择要适度，适当降低就业期望值，迟就业不如早就业。工作若干年后，由于自己知识的更新、能力的提高，可以"骑马找马"，根据自己的实际情况与发展方向，重新选择就业岗位和单位，谋求个人事业的发展。

5. 不要贪图安逸

高职院校的培养目标是高素质人才，但企业急需的是一线操作员、技术员、是典型的实用型"蓝领"人才。所以学生必须注重实际历练，从生产一线干起，增加实际锻炼的机会，这对今后的发展是必要和有利的。

6. 乐于奉献，发展自我

用人单位管理者都希望自己的员工有"敬业奉献"精神。作为员工只有做到乐于奉献，才能得到单位领导和同事的好评，才能更好地发展自己，实现自己的人生价值。

7. 明确职业需要

就业选择过程是人生价值观的一种具体体现，每一位同学都有选择符合自己需要的职业的权利。然而对于职业价值的不同排序和职业锚的确定，还是需要考虑人职匹配的基本原则，符合社会需要又真正适合自己的职业才是好职业。

8. 就业与自主创业结合

实践证明，除了就业这条路外，发挥自己的优势，艰苦奋斗，走自主创业之路，同样可以大有所为。

第四节 高职生就业与创业辅导

有一位制冷专业的高职生小李，毕业后发现自己所在的城市正在调整产业结构，原来一些高碳、高耗能的企业逐渐转产，因而企业用人规模也在缩减。作为刚刚毕业的高职生优势就显得不够突出了。他在顶岗实习中还发现，随着社会的进步和企业升级换代，劳动密集型的企业逐渐向着技术密集的集约型产业发展，因此小李更加刻苦学习专业技能，钻研制冷与维修技术，终于在之后的求职面试中脱颖而出，在一家中型企业做了一名工人。但是小李的岗位只是流水线上的一名装配工人，所学的专业知识并没有充分发挥出来。面对现在同学们都很羡慕的工作，小李陷入沉思，目前的工作比较稳定，工资待遇也不低，在单位的人际关系也不错，但是展示自己才能的机会却比较少，对于今后的发展可能还需较长时间的等待，经过仔细的权衡，小李找到了自己以前的师傅，提出了加入创业的行列。于是小李与师傅和几位同班同学一起开办了一家家电维修店，由于他们都考取了相关的资格证书，又有专业知识，特别是团队精神和创业理想使几位创业者取得很大成功。

通过这个案例我们不难发现，作为高职生一方面要提高自己的专业知识和技能，符合社会发展需要，同时在条件可能的情况下，可以尝试自主创业，更好地发展自己的才能，充分展现自己的人生价值。

一、高职生的就业辅导

（一）树立正确就业观念

目前高职高专院校的一些家长与学生认为读了大学之后，马上就可以找到一份如意的工作，拿到称心的薪水。他们仍然按照精英教育阶段的择业观念进行职业的选择，把就业期望值定得过高。但中国高等教育已经进入大众化发展阶段，传统的择业观必须改变。同学们应该面对现实科学定位，找准自己在社会上的位置，积极参与竞争，勇敢面对挑战。同时要适应市场经济规律，要先就业，再择业，后创业。应该明白职业选择是随着市场经济不断发展变化的，并不是一成不变的。同学们的择业观不仅受到来自社会、家庭和个人的影响，同时还会受到社会上很多隐性因素的影响。在高等教育大众化的进程中，同学们的择业观必须作出相应的调整。在当前新形势下，高职生应当树立以下几个方面的择业新观念。

1. 勇于面对竞争的观念

社会主义市场经济最显著的特点之一是竞争，竞争意识是现代人必备的素质之一。面对就业竞争的现实，高职生应当摆脱被动依赖、消极等待的状况，敢于竞争，树立"爱拼才会赢"的观念，作好多方面的竞争准备。第一，要树立强烈的竞争意识；第二，要培养雄厚的竞争实力，竞争实力是综合素质的体现，包括思想品德素质、专业素质、文化素质、身心素质等；第三，要坚持正确的竞争原则，高职生在就业竞争面前，要保持自己的人格尊严，诚实守信，凭自身的竞争实力并运用恰当的竞争技巧去赢得用人单位的青睐；第四，要保持良好的竞争心态，有竞争就有风险。

2. 先就业后择业的观念

打破一步到位、从一而终的就业观。市场经济配置人力资源的特征是人才流动，毕业生也不必急于在短时间内找一个固定的"铁饭碗"，要树立不断进取的职业流动观念，学会在流动中发现机会、抓住机会、把握机会。

3. 到基层、到农村去的观念

在大城市、大机关、大企业提供的就业机会日趋饱和的情况下，农村和基层的广阔天地也为大学毕业生施展才华、实现理想创造了条件。

4. 发挥专业所长同时注重综合素质的观念

毕业生在择业时首先要考虑所学的专业，根据专业特点谋求职业，以做到专业特点与职业要求相匹配，发挥专业优势；同时也要提高综合素质和能力，一味强调专业对口，会使毕业生在激烈的竞争中失去很多机会。

5. 树立终身学习的观念

随着知识经济和信息化社会的到来，大学毕业生必须不断学习新知识才能适应社会发展的需要，否则将会被职业无情地淘汰。大学教育固然重要，但毕竟只是终身教育中的一个阶段。大学毕业后的延伸学习和重新学习，对于选择及重新选择职业岗位和取得职业成就，无疑具有同样重要甚至更重要的意义。

（二）考虑几个实际问题

所谓就业有两层含义，一是成功地找到一个能接收自己的工作单位；二是就业的单位符合自己的长远发展需要。

要确保成功实现就业，首先需要根据自己的竞争实力确定一个适当的择业目标需要和"职业锚"，然后注意把握时机，寻找符合自身条件的单位并置于优先考虑的范围；其次还应考虑应聘首选目标成功的把握，事先准备相应的对策。一旦首选目标单位应聘失败，必须及时作出调整，降低某一方面需要的标准，重新应聘适合于自己并最有可能接收自己的单位，直到成功。

对于即将离开学校，走进职场的高职毕业生而言，第一份工作直接影响到自己的生存与发展，因此在具体求职过程中，还需要重点考虑以下几个具体问题：

第一，在选择就业单位时，要考虑准备入职的部门是否具备一定的经营规模和发展实力。在社会上享有较高知名度的单位一般对毕业生的发展有所保证。

第二，顶岗实习结束后，根据供需双方的实际情况，单位能够与毕业生签订劳动合同，给予毕业生国家规定的各项权益保障。

第三，努力争取适合自己的岗位，用人单位应尽量按照毕业生的专业、性格、知识、技能等特点安排相应的工作岗位，实现人职匹配。

第四，就业单位的环境及企业文化建设符合个人价值观，适合个人长远发展。

以上是高职毕业生在选择就业单位时应该注意的四个现实问题，但在接受企业选拔和考核的过程中，要善于具体问题具体分析，从自身实际考虑，优先解决独立生存的问题，然后再思考如何进一步发展提高的问题，要本着实事求是的原则，适当降低就业期望值，找准位置。

（三）努力实现角色转变

1. 学习环境与职场环境的不同

走向工作岗位后你会发现，职场环境与学习环境有很大不同，具体表现在以下几个方面：

大学学习环境	职场工作环境
①弹性的时间安排	①较固定的时间安排
②你能够逃课	②你不能缺工
③更有规律、更个别的反馈	③无规律和不经常的反馈
④长假和自由的节假休息	④没有暑假，节假休息很少
⑤对问题有正确答案	⑤很少有问题的正确答案
⑥教学大纲提供清晰的任务	⑥任务模糊、不清晰
⑦分数上的个人竞争	⑦按团队业绩进行评估
⑧工作循环周期较短：每周1到3次班级会面，每学期为17周	⑧持续数月或数年的更长时间的工作循环
⑨奖励以客观性标准和优点为基础	⑨奖励更多地是以主观性标准和个人判断为基础

你的老师	你的老板
①鼓励讨论 ②规定完成任务的交付时间 ③期待公平 ④知识导向	①通常对讨论不感兴趣 ②分派紧急的工作，交付周期很短 ③有时很独断，并不总是公平 ④结果（利益）导向
大学的学习过程	工作的学习过程
①抽象性、理论性的原则 ②正规的、结构性的、象征性的学习 ③个人化的学习	①具体的问题解决和决策制定 ②以工作中发生的临时性事件和具体真实的生活为基础 ③社会性、分享性的学习

2. 端正就业心态

第一，要清醒认识到理想与现实是有差距的，差距正是人为之奋斗的动力。

第二，在就业之初，要树立信心，"相信我能做到"，自然会想出"如何去做"的方法，这样才能确保角色的顺利转换。

第三，安心工作是角色转换的基础。许多毕业生工作几个月后还静不下心，不能安心本职工作，在待遇上相互攀比，总想找更好的工作，这对实现角色转换是不利的。

第四，要虚心学习、勤于思考，才能发现问题，并运用自己所学的知识去解决问题，工作中才有自己的见解，逐步提高独立开展工作的能力，更好地承担角色责任。

第五，要勇挑重担，乐于奉献。从走上工作岗位那一刻起就严格要求自己，树立高度的主人翁责任感和高尚的奉献精神，勇于承担岗位责任，主动适应工作环境，完成角色转换。

第六，强化角色意识，尽快适应社会角色。适应社会是指个体在社会认知和社会生活的基础上，不断调整和改变自己的观念、态度、习惯、行为等，以适应社会的要求和变化。通过加深和提高对自己所从事的职业生活应履行的权利、义务以及应遵守的职业规范和行为模式的理解和认识，增强职业的归属感，使自己走上工作岗位时能更快进入角色，在工作中以相应的职业道德来约束自己的行为。

第七，要刻苦学习，尽快掌握职业技能。每一个工作岗位，对其工作人员都有不同职业的技能要求。刚参加工作的高职生，要本着虚心向身边同事学习的态度，尊重别人的意见，脚踏实地，大胆实践，尽快打开工作局面。要在实际工作中不断调整自己的知识结构，掌握各种职业技能，全方位地提高自己的综合素质，以适应工作需要。

（四）掌握心理调节方法

毕业生求职择业中不可能一帆风顺，一定要控制自己的心境，自觉调整自己的不平衡心理，增强心理素质。为了保持健康向上的情绪，需要不断对自己的心理进行调适。下面介绍几种常用的心理调适方法，供同学们在就业遇到挫折时，根据自己的实际情况有选择地加以使用。

1. 回避——转移注意力

尽可能躲开导致心理困境的外部刺激，把注意力从消极情绪转移到积极情绪上。当不良情绪出现时，可以立即采取转移注意力的方法寻找一个新的兴奋点和刺激点，激活新的兴奋中心以抵消或冲淡原先的兴奋中心，据此摆脱心理困境。比如听听音乐、参加体育活动等，做些有意义的事情。

2. 变通——变恶性刺激为良性刺激

在择业不顺利时可以找一些理由为自己开脱，以减轻痛苦，缓解紧张，使内心获得平衡。

3. 转视——换个角度看问题

并不是任何来自客观现实的外部刺激都可以回避或淡化的。但是，任何事物都有积极和消极的方面。同一客观现实或情境，如果从一个角度来看，可能引起消极的情绪体验，使人陷入心理困境；如果从另一个角度来看，就可以发现它的积极意义，从而使消极情绪体验转化为积极情绪体验，走出心理困境。

4. 换脑——换一种认知解释事物

重新解释外部环境信息，相当于换一个脑袋思考和解释问题。可以通过换脑法，减少或消除心理认知与心理体验的矛盾冲突。

5. 升华——把挫折变成财富

人的心理问题长期不能解决，往往与他们的消极心理固着有关。如何克服心理固着，有效的方法是进行心理位移，即选择一种新的、高层次的、积极的、利于他人和社会的心理认知代替旧有的心理认知，从而改变消极的心理状态，这就是心理升华法。"失败乃成功之母"、"化悲痛为力量"就是从失败的消极因素中，认识其中蕴涵着的积极因素，使之成为个体奋发图强，取得成功的动力和契机。

6. 补偿——失之东隅，收之桑榆

人们难免会由于一些内在的缺陷或外在的障碍以及其他种种因素的影响，导致最佳目标动机受挫。补偿，就是在目标实现受挫时，通过更替原来的行动目标，求得长远价值目标实现的一种心理调适方式。

7. 求实——切合实际，调整目标

当在实现目标的过程中受挫时，就会产生心理紧张或痛苦，避免或缓解这种状况的一个有效措施就是及时切合实际地调整自我，并变换实现目标的途径和方法。人生路上，如果所面对的无法改变，那就先改变自己，只有这样，才能最终改变属于自己的世界。

二、高职生的创业辅导

自主创业是通过采取单干、合伙等方式创办公司或其他企事业单位,从事技术开发、科技服务以及其他经营活动来创造就业岗位,并依法获得劳动报酬的就业方式。自主创业给具有创造力和活力的高职生提供了就业和深造以外的"创新之路"。但并非任何人都适合自主创业,自主创业必须具备一定的条件。

(一)创业者的人格素质

要成为一名成功的创业者,就要具备良好的心理素质,这是创业活动顺利发展的基本保障。所谓心理素质是指创业者的心理条件,即创业者从事或将要从事创业活动的一切心理过程、心理状态、心理现象以及适合行业活动的个性心理特征。它包括性格、气质等人格因素和能力因素。良好的创业心理素质是创业活动成功的必备条件。

作为创业者,他的人格特征应为自信和自主;他的性格应刚强、坚持、果断和开朗;他的情感应更富有理性色彩。

第一,独立思考、判断、选择、行动,即创业者的独立性。因为创业者首先要走出依附于他人的生活圈子,走独立的生活道路。没有独立性就免谈创业。独立性是创业者最基本的个性品质。独立性主要体现在:一是自主抉择,即在选择创业目标和人生道路时有自己的见解和主张;二是自主行为,即在行动上很少受他人影响和支配,能按自己的主张将决策贯彻到底;三是行为独创,即能够开拓创新,不因循守旧,步人后尘。

第二,善于交流、合作,即创业者的合作性。在创业道路上,必须摒弃"同行是冤家"的狭隘观念,学会合作与交往。通过语言、文字等多种形式与周围的人们进行有效的交流和沟通,以提高办事效率,增加成功的机会。在创业过程中,需要与客户和顾客打交道,与公众媒体打交道,与外界销售商打交道,与企业内部员工打交道,这些交往和沟通可以排除障碍,化解矛盾,降低工作难度,增加信任度,会有助于创业。

第三,敢于行动、敢冒风险、敢于拼搏、勇于承担行为后果,即创业者的果断性。在市场经济的大潮中,机会与风险共存。只要从事创业活动,就必然会有某种风险伴随,而且事业的范围和规模越大,需要承受风险的心理负担也就越大。立志创业,必须敢闯敢干、有胆有识,才能变理想为现实。只要瞄准目标、判断有据、方法得当,就应敢于实践、敢冒风险。成功的创业者总是事先对成功的可能性和失败的风险性进行分析比较,选择那些成功的可能性大而失败的可能性小的目标而采取行动。

第四,敢于克制盲目冲动和私利欲望,即创业者的克制性。在创业的过程中,创业者要善于克制私欲、防止冲动。克制能使人积极有效地控制和调节自己的情绪,把自己的活动始终定格在正确的轨道上,不至于产生缺乏理智的行为。

第五，坚持不懈、不屈不挠、顽强努力，即创业者的坚韧性。创业者需要百折不挠、坚持不懈的毅力和意志。要能够根据市场的需要和变化，确定正确的目标，并带领员工战胜逆境实现目标。创业者必须有持之以恒的进取心，三心二意、知难而退，或虎头蛇尾、见异思迁，终将一事无成。

第六，善于进行自我调节、适应性强，即创业者的适应性。面对市场的变化多端，竞争强烈，创业者能否因客观变化而"动"，灵活地适应变化，成为创业成功的关键所在。因而，创业者应具有较强的适应性，做到"胜不骄，败不馁"。

（二）创业者的能力素质

创业能力是一种高层次的综合能力。创业者至少应具有如下能力。

1. 专业技术能力

专业技术能力是人们从事某一特定社会职业所必须具备的能力。创业过程所需要的专业技术能力主要是指与创业经营方向密切相关的主要岗位或岗位群所要求的能力，是将专业知识应用于实际生产，并熟练地解决实际问题的能力。专业技术能力不仅意味着你在自己的领域中具有竞争力，还意味着你善于经营这个业务，是这个领域里的"行家里手"。所以，它是创业者赚钱的手段和安身立命的本钱，是创业活动中最为基本的能力。专业技术能力的类型将取决于你计划创办企业的类型。

创业者应具备的专业技术能力主要体现在以下三方面：

第一，创办企业中主要职业岗位必备的从业能力。创业是组合劳动、知识、技术、管理、资本等生产要素，进行创造性的生产经营活动的部门。任何一个创业者，选择任何一种创业项目，首先要有自己的优势。因此，在创办自己的第一个企业时，一定要从自己熟悉的行业中选择项目，以自己的专业技巧取胜。如果步入自己不懂的行业，创办自己陌生的企业，是不可能实现成功创业的。

第二，接受和理解与所办企业经营方向有关的新技术的能力。一个企业要想在竞争激烈、变化多端的市场中立足并发展，创业者必须善于学习和掌握与所办企业经营方向有关的新技术，把握行业发展方向和趋势，并善于运用相关新技术来提升自己的产品和服务，这样才能在同业市场中占有理想的份额，实现成功创业并使自己的事业获得更大发展。

第三，把环保、能源、质量、安全、经济、劳动等知识和法律、法规运用于本行业实际的能力。

2. 经营管理能力

经营管理能力即人力、物力、财力、时间、空间的合理组合、科学运筹与优化配置的能力。它主要体现在以下四个方面：

第一，明察时势的预见能力。势，指趋势。势分大势、中势、小势。小势就是个人的能力、性格、特长。创业者在选择创业项目时，一定要找那些适合自己能力，契合自己兴趣，可以发挥自己特长的项目，这样才有利于做持久的努力和全身心的投入。中势指的是市场机会。创业者要善于发现机会、把握机会、利用机会、创造机会，捕捉市场机遇。大势就是顺应国家政策，看准世界形势。做对了方向，顺着国家鼓励的方向努力，可能事半功倍；做反了方向，则可能事倍功半，甚至一败涂地。

　　第二，经营决策能力。创业决策是创业者对未来创业实践的方向、目标、原则和方法所作出的慎重选择和决定，是通过消费者需求分析、市场定位分析、自我实力分析等过程，根据自己的财力、关系网、业务范围，依据"最适合自己的市场机会是最好的市场机会"的原则，作出正确决策。

　　第三，管理能力。包括对人、财、物等各种资源的管理、控制和科学运筹，目的是以最佳的方式达到人、财、物的合理配置，做到人尽其才，物尽其用，财尽其力。创业者只有具备一定的管理知识，如人事管理、资金管理、物资管理、生产管理等知识，才能不断改进管理方法，丰富管理经验，挖掘管理资源，不断提高管理水平，做到对员工、对经营目标和经营过程及销售过程的科学管理。

　　第四，理财能力。这不仅包括创业实践中的资金筹措、分配、使用、流通、增值等环节，还涉及采购能力、推销能力等。要不断学习现代财经知识，掌握适应时代的理财能力，做到对企业的成本和收益心中有数，注重核算；加强投资可行性分析论证，促使资金快速周转，降低产品成本，提高资金利用率。

　　3. 人际交往与协调能力

　　人是社会的人，人与人之间要通过语言、文字和情感去表达观点、意见和感情，并借此交流思想，传达信息。人与人之间彼此来往、相互影响的互动过程叫人际交往。在人际交往中，让信息的给出与反馈有较高的效率和好的效果就是一个人的人际交往能力。创业者不但要与消费者、本企业雇员打交道，还要与供贷商、本行业同仁等打交道，因此必须具有较强的人际交往能力。专家调查发现，成功创业70%靠人际关系资源，30%靠知识。所以，要想创业，就得先交朋友，多认识朋友，多帮助他人，积累这方面的人际资源。高职生要创业，由于缺乏生活阅历和社会经验，在创业过程中更需要得到各方面人士的关心、支持和帮助，需要获得更多的信息、知识和技巧，需要更广泛的人际交往。因此，更应注重培养和提高自己的人际交往和协调能力。与人交往最根本的问题有两个方面：一是对人的态度，要有设身处地为他人着想的态度，这是与人交往的出发点；二是要遵循真诚、尊重、宽容、互助、双赢的基本原则。只有善于站在对方的角度理解对方，体谅对方，才有可能善于与他人合作共事，和睦相处，达到双赢。

　　4. 创新能力

　　创新能力表现在创业活动中是指创业者的各项活动有创意，善于以"新"取胜。创意是人们行为中产生的思想、主意、构想等新的思维成果，它是一种创造新事物或新形象的思维方式。创新的主要特征有：

第一，积极的思维。表现为对司空见惯的现象和人们已有的认识持怀疑、分析和批判的态度，在怀疑、分析和批判中探索符合实际的客观规律。

第二，敏锐的洞察力。即以批判的眼光准确地观察并认识复杂多变的事物之间的相互关系。

第三，奇妙的想象力。爱因斯坦认为，想象力比知识更重要，因为知识终究是有限的，而想象力却能概括世界上的一切，是知识进步的源泉。从某种意义上说，有效的创意正是取决于想象力的激发和释放。

第四，活跃的灵感。它是人们因思想集中、情绪高涨而突然表现出来的创造能力。据说美国当年的汽车大王亨利·福特为了创造一种新的生产方式，不知苦苦思索了多少个日日夜夜。一天，他在肉店偶然看到三个人，一人剔牛头，一人剔脊骨，一人剔牛腿骨。见此情景，灵感即在他的脑海里闪现，使他创造了具有划时代意义的"流水生产线"。

5. 创业谋略

创业犹如打仗，你的备战心态和武器准备齐全了吗？如何打好创业的第一仗，如何不使自己在一开始就陷入困境？

（1）不要迷信热门

要努力寻找那些有市场需要，或有某种潜在需要却又没人做的事情。要研究人们生活中还有哪些不便，能不能通过某种服务或产品解决人们生活的不便。如果能通过自己的行为创造市场，那就高明了。

（2）别把鸡蛋放进一个篮子

尽量将企业资金数额减到最低。选择那些只需要少许资金，并能充分实现个人才华和专长的事业做起，给自己一个经验积累和资本积累的过程。

（3）勿以事小而不为

首先要放平心态，要一步一个脚印地迈向成功；要有吃苦精神，不坐享其成。在创业初期，每一个细节都是值得关注的，虽然这些事情你以后可能不会去做，但你一定要了解。

（4）了解市场，有备而战

不打无准备之仗。准备，很大程度上就来自于你对市场的了解。当你想要投入某个项目或者进入某个领域的时候，一定先做可行性研究。既可以委托给专业公司进行调研，更应该利用自己的现有资源进行了解和调研。不经调研和分析，仅凭头脑发热就盲目投入的做法是非常幼稚的。

（5）好的选址是成功的一半

小厂、仓储等企业为了减少中间环节，降低生产成本，提高运行效率，可以选在开发区，并且以交通便利、商务服务完善、租金合理为原则。对于那些服务性行业，可根据经营内容来选择地址，服装店、小超市要开在人流量大的地方；保健用品商店和老人服务中心，就适宜开在安静但又有固定客源的地方。对于那些利用电子商务或者与网络有关的公司，选择面就更广了，可以在不影响邻居的情况下开在居民楼里，甚至开在自己的卧室，这样可以在创业初期节约大笔开支。

（三）创业者的知识素质

知识素质指的是创业者所具备的创业知识结构和知识储量。知识素质的构成主要表现在以下几个方面：

第一，开业知识。开业知识是创业者创办企业必须具备的基本知识，它是创业者开展创业活动的前提和保障。开业知识主要包括法律所规定的个人经营、合伙经营及有限公司设立所必须具备的条件和标准，以及如何办理银行贷款，如何申请营业执照，如何进行验资，如何办理行业管理手续，如何寻找合适的合作伙伴，如何办理税务登记，如何签订劳动合同，如何寻找合适的地理位置等一些基本知识。掌握了这些基本的知识和常识，才能使创业活动有章可循，规范运行。

第二，营销知识。任何创业活动都离不开市场营销，要想创业活动立于不败之地，创业者必须掌握基本的营销知识。营销知识主要包括市场供求状况调查与预测，如何为产品合理定价，如何把握消费者的消费观念和心理特征，如何应对营销竞争，如何拓宽销售渠道，如何进行包装和宣传等基本知识。这是保证创业进程顺利开展的必要条件。

第三，财务知识。创业活动的开展和实施离不开资金，作为一名成功的创业者，必须具备基本的财务知识。一般来说，财务知识主要包括货币金融知识，银行信贷知识，成本预算与资金预算知识，账务管理知识，会计知识等一系列体系的基本知识。

第四，法律知识。在法制社会中，创业者需要了解和掌握基本的法律知识，这对于创业活动的开展是大有裨益的。法律知识主要指创业者应该掌握和了解的与创业活动相关的国家法律法规及相关制度条例。

第五，经营管理知识。经营管理是创业活动过程中的主要环节，掌握一定的经营管理知识是保证创业活动取得成功的重要因素。作为一名成功的创业者，应该掌握必备的劳动人事管理、生产管理、物资管理等方面的基本知识，不断提高自身管理经验和水平，才能够在创业活动中立于不败之地。

（四）创业者的道德素质

职业道德是人们在职业活动中所遵守的道德行为规范的总和。职业道德的基本要求主要有爱岗敬业、诚实守信、遵纪守法、服务群众等几个组成要素。一般来说，创业者高尚的职业道德素质养成主要包含以下几个方面的内容：

第一，树立高度的创业责任感。创业责任感指的是创业者在创业活动中对社会所履行的义务和责任。树立高度的创业责任感是创业活动健康、可持续发展的根本保证，缺乏责任感的创业者，必然不会取得创业活动的成功。这要求创业者在开展创业活动时，应该以满足国家经济建设和人民物质生活需要为出发点和落脚点，为社会发展提供优质的产品和服务，时刻意识到自己的"社会主人翁"地位，服务群众，奉献社会，使他人和社会能从自己的创业活动中受益。

第二，树立高尚的创业情操。树立高尚的创业情操指的是创业者在创业活动中依法经营，公平竞争，诚实守信，爱岗敬业的精神境界。高尚的创业情操是创业活动健康、可持续发展的必要条件。这要求创业者在开展创业活动的过程中，应该采取合乎法律和道德规范的经营方式和竞争手段，依法经营，公平竞争；实事求是，诚实经营，不弄虚作假，通过创业活动为社会提供优质产品和良好服务。

第三，树立科学的创业观念。树立科学的创业观念指的是创业者在开展创业活动中应该保持创业者与自然、创业者与社会的和谐相处和良性互动。这要求创业者在开展创业活动的过程中认真领会科学发展观和构建和谐社会的真正含义，用科学的发展观念指导创业活动的开展，站在构建和谐社会的高度上去开展创业活动，为构建和谐社会贡献力量。

（五）创业者的身体素质

所谓身体素质是指身体健康、体力充沛、精力旺盛、思路敏捷。现代创业与经营是艰苦而复杂的，创业者工作繁忙、时间长、压力大，特别是在创业初期，凡事都要亲力亲为，如果身体不好，必然力不从心、难以承受创业重任。因此，要创业就得有良好的身体素质做基础、为后盾。高职高专学生生理体质处于最后成熟阶段，锻炼的机会也难得。因此，应加强锻炼，并养成良好的生活习惯，形成健康的体魄，为创业打下良好的身体素质基础。

心理辅导活动：

1. 目的：通过活动使学生认识发散性思维的内容与形式，引导学生理解创业的核心是创新。

2. 内容：发散性思维。

3. 过程：教师根据教材内容设计一套漫画，分别反映以下内容：一支铅笔、一个脸盆、一片叶子与一台冰箱、两只绵羊。

让学生分成小组然后选题。

要求学生说出一支铅笔除写字画画以外的用途；脸盆除洗脸以外的用途；叶子与冰箱的相同点；两只绵羊的不同点。要有一定数量的要求以提高思维的广度，最后大家对所有答案进行分析，评出最离奇、最富想象力的答案。

【建议参考资料】

1. 高桥，葛海燕. 大学生就业指导［M］. 北京：清华大学出版社，2009.

2. 惠太望. 大学生就业指导［M］. 北京：北京航空航天大学出版社，2011.

3. 王武宁，程为民. 高职生就业指导与职业生涯规划［M］. 郑州：黄河水利出版社，2010.

4. 杨敏. 创新与创业指导［M］. 杭州：浙江大学出版社，2011.

【问题与思考】

1. 熟悉自己的专业所针对的岗位群。
2. 利用假期了解与自己所学专业相近的岗位要求。
3. 根据教材的提示和自己的特点制定个人职业生涯规划。
4. 与志趣相投的同学组成团队，模拟撰写创业计划书。
5. 找出你成为创业者的 10 个不重复的优势。

附录

普通高等学校大学生心理健康教育工作实施纲要（试行）

为贯彻落实《中共中央国务院关于深化教育改革全面推进素质教育的决定》精神，进一步加强对全国普通高等学校大学生心理健康教育工作的领导和指导，根据《教育部关于加强普通高等学校大学生心理健康教育工作的意见》（教社政〔2001〕1号），特制定本实施纲要。

一、高等学校大学生心理健康教育工作的指导思想和主要任务

1. 全面贯彻党的教育方针，以全面推进素质教育为目标，以提高大学生的心理素质为重点，促进学生全面发展和健康成长。

推进高等学校大学生心理健康教育工作，要坚持重在建设、立足教育的方针。根据素质教育的基本要求，加强大学生心理健康教育的理论建设、制度建设、师资队伍建设和教育教学研究；坚持面向全体学生，坚持正面教育，根据学生身心发展特点和教育规律，提高大学生适应社会生活的能力，培养大学生良好的个性心理品质，促进大学生心理素质与思想道德素质、科学文化素质和身体素质的协调发展，增强高等学校德育工作的时代感以及针对性、实效性和主动性。

推进高等学校大学生心理健康教育工作，要坚持以辩证唯物主义和历史唯物主义为指导，坚持科学性原则，防止唯心主义、封建迷信和伪科学的干扰，确保大学生心理健康教育工作的正确方向。

2. 普通高等学校大学生心理健康教育工作的主要任务是：根据大学生的心理特点，有针对性地讲授心理健康知识，开展辅导或咨询活动，帮助大学生树立心理健康意识，优化心理品质，增强心理调适能力和社会生活的适应能力，预防和缓解心理问题。帮助他们处理好环境适应、自我管理、学习成才、人际交往、交友恋爱、求职择业、人格发展和情绪调节等方面的困惑，提高健康水平，促进德智体美等方面全面发展。

二、高等学校大学生心理健康教育工作的主要内容

3. 宣传普及心理科学基础知识，使学生认识自身的心理活动与个性特点；宣传普及心理健康知识，使大学生认识到心理健康的重要作用，特别是心理健康对成才的重要意义，树立心理健康意识。

4. 培训心理调适的技能，提供维护心理健康和提高心理素质的方法，使大学生学会自我心理调适，有效消除心理困惑，及时调节负性情绪；使大学生养成良好的学习习惯，掌握科学、有效的学习方法，提高学习能力，自觉地开发智力潜能，培养创新精神和实践能力；使大学生树立积极的交往态度，掌握人际沟通的方法，学会协调人际关系，增强适应社会生活的能力；使大学生自觉培养坚韧不拔的意志品质和艰苦奋斗的精神，提高承受和应对挫折的能力。

5. 认识与识别心理异常现象，使大学生了解常见心理问题的表现、类型及其成因，初步掌握心理保健常识，以科学的态度对待各种心理问题。

6. 根据大学生活不同阶段以及各层次、各学科门类学生、特殊群体学生的心理特点，有针对性地实施心理健康教育。新生心理健康教育重点放在适应新环境等内容上，帮助他们尽快完成从中学到大学的转变与适应；二、三年级学生心理健康教育要以帮助他们了解心理科学基础知识、初步掌握心理调适技能以及处理好学习成才、人际交往、交友恋爱、人格发展等方面的困惑为重点；对于毕业生，要配合就业指导工作，帮助他们正确认识职业特点，客观分析自我职业倾向，做好就业心理准备。在日常的学习、生活中，要针对大学生普遍存在的、较为集中的心理问题安排专题教育。要特别重视经济困难学生等特殊群体学生的心理健康教育工作。

三、高等学校大学生心理健康教育工作的途径和方法

7. 大学生心理健康教育工作是一项系统工程。要以课堂教学、课外教育指导为主要渠道和基本环节，形成课内与课外、教育与指导、咨询与自助紧密结合的心理健康教育的网络和体系。

8. 按照中宣部、教育部《关于印发〈关于普通高等学校"两课"课程设置的规定及其实施工作的意见〉的通知》（教社科［1998］6号）以及《中国普通高等学校德育大纲（试行）》、《思想道德修养教学大纲》的要求，在思想道德修养课中，科学安排有关心理健康教育的内容。各高等学校应创造条件，为大学生开设心理健康教育的课程或专题讲座、报告等。

9. 高等学校的教职员工，特别是教师要树立心理健康教育意识，科学实施教育教学工作。班主任、政治辅导员不仅要在日常思想政治教育中发挥作用，也要在增进大学生心理健康，提高大学生心理素质中发挥积极作用。

10. 重视开展大学生心理辅导或咨询工作。各高等学校要积极创造条件建立心理健康教育工作体系，开展经常性的心理辅导或咨询工作。心理辅导或咨询工作要以发展性辅导或咨询为主，面向全校学生，通过个别面询、团体辅导活动、心理行为训练、书信咨询、电话咨询、网络咨询等多种形式，有针对性地向大学生提供经常、及时、有效的心理健康指导与服务。辅导或咨询机构要科学地把握

高等学校大学生心理健康教育工作的任务和内容，严格区分心理辅导或咨询中心与专业精神卫生机构所承担工作的性质、任务。在心理辅导或咨询中发现严重心理障碍和心理疾病的学生，要将他们及时转介到专业卫生机构治疗。

11. 积极创造条件，运用具有较高信度与效度、适合我国国情的心理评估工具，为实现大学生心理问题的早期发现、及时干预和跟踪服务提供参考，提高大学生心理健康教育工作的科学性和针对性。

12. 充分利用高等学校广播、电视、计算机网络、校刊、校报、橱窗、板报等宣传媒体，多渠道、多形式地正面宣传、普及心理健康知识。要加强校园文化建设，营造积极、健康、高雅的氛围，陶冶大学生高尚的情操，增强学生相互关怀与支持的意识。

13. 大力开展有益于提高大学生心理健康的第二课堂活动。高等学校要积极支持大学生成立心理健康教育方面的社团，通过举办生动活泼、丰富多彩的活动，强化学生的自觉参与意识，提高广大学生学习心理健康知识的兴趣，加深对心理知识的理解，解决一些在学习、生活中产生的心理困扰，达到自助与助人的目的。开展第二课堂活动，要配备专门的指导教师，以正面教育引导为主。

四、高等学校大学生心理健康教育工作的领导、管理以及师资队伍建设

14. 教育部对全国普通高等学校大学生心理健康教育工作实施统一领导，统筹规划。组织国内心理科学专家、学者，以及大学生心理健康教育实际工作者对大学生心理健康教育工作进行研究、咨询、评价和指导；组织编写师资培训使用的正式教材和大学生心理健康教育科普读物；组织开展全国普通高等学校大学生心理健康教育师资培训工作。大学生心理健康教育工作是高等学校德育工作的重要组成部分。各地教育工作部门和各高等学校，要切实加强对大学生心理健康教育工作的领导，把心理健康教育工作纳入学校德育工作管理体系中，积极支持开展大学生心理健康教育工作，帮助解决工作中的困难和问题。各高等学校要成立大学生心理健康教育工作领导小组，由主管学生德育工作的党委副书记或副校长任组长，并明确职能部门具体负责协调和组织全校心理健康教育的教学、科研以及辅导或咨询工作。各高等学校应进一步完善或健全心理健康教育的工作体制和体系，充分利用有关资源和条件并积极创造条件开展工作，保证经费投入，为开展工作提供必要条件。

15. 要通过专、兼、聘等多种形式，建设一支以专职教师为骨干，专兼结合、专业互补、相对稳定、素质较高的高等学校大学生心理健康教育工作队伍。专职从事大学生心理健康教育工作的教师要少量、精干，数量可根据实际需要自行确定，编制可从学校总编制或专职学生思想政治工作编制中统筹解决，原则上应纳入学生思想政治工作队伍管理序列，评聘相应的教师职务。设有教育学、心理学教学机构的高等学校，也可纳入相应专业队伍管理序列。兼职教师和心理辅导或咨询人员，按学校有关规定计算工作量或给予报酬。

16. 大学生心理健康教育是一项专业性强、要求高的工作，从事这项工作的教师必须经过系统培训，恪守职业道德，不断提高专业水平。建立全国高校大学生心理健康教育教师培训中心，积极开展对从事大学生心理健康教育工作的专、兼职教师的业务培训，培训工作列入学校师资培训计划。培训内容包括职业道德、理论知识学习、操作技能训练、案例分析和实习督导等。要通过培训，不断提高他们从事大学生心理健康教育工作的职业道德以及所必备的基本理论、专业知识和技能水平。培训工作应规范化，坚持长期分类进行。对于通过培训达到上岗要求者，由教育部认定的有关承训机构颁发资格证书，逐步做到持证上岗。此外，还要重视对班主任、政治辅导员以及其他从事学生思想政治工作的干部、教师进行有关心理健康方面的业务培训。

17. 组织开展普通高等学校大学生心理健康教育的督导工作。为了使大学生心理健康教育工作健康发展、落到实处，教育部将组织研究制定大学生心理健康教育工作的评价与督导指标体系，组织或委托国内心理科学的专家、学者以及大学生心理健康教育实际工作者对各地、各高等学校开展大学生心理健康教育工作的情况进行督导。督导内容包括学校重视和支持程度、机构设置、师资队伍建设、教学、科研和开展辅导或咨询的情况以及工作的实效等。

18. 教育部将进一步研究制定加强普通高等学校大学生心理健康教育工作的有关政策，组织开展大学生心理健康教育工作的课题研究和工作、学术交流。各地教育工作部门和各高等学校要结合本地、本校的实际情况，制定明确的政策并予以必要的保证，切实做到领导责任落实、机构设置落实、队伍建设落实、制度建设落实、工作场地落实、经费投入落实，努力把大学生心理健康教育工作提高到一个新水平。

图书在版编目(CIP)数据

高职学生心理健康教育／郑日昌，朱仙桃主编． -北京：开明出版社，2012.10

(新世纪心理与心理健康教育文库)

ISBN 978－7－5131－0832－4

Ⅰ.①高… Ⅱ.①郑… ②朱… Ⅲ.①高等职业教育－大学生－心理健康－健康教育 Ⅳ.①B844.2

中国版本图书馆 CIP 数据核字(2012)第 217885 号

责任编辑：王拓　范英　王桢　何妍

书　名	高职学生心理健康教育
出品人	焦向英
出　版	开明出版社
	(北京海淀区西三环北路 25 号 邮编 100089)
经　销	全国新华书店
印　刷	保定市中画美凯印刷有限公司
开　本	700×1000　1/16
印　张	12.75
字　数	209 千字
版　次	2012 年 10 月 北京第 1 版
印　次	2012 年 10 月 北京第 1 次印刷
定　价	35.00 元

印刷、装订质量问题，出版社负责调换货　　联系电话：(010)88817647